I0073789

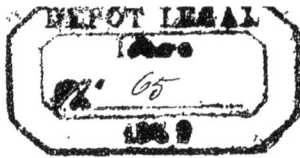

DÉPOT LÉGAL
N° 65

APERÇU

SUR

L'HYDROLOGIE MINÉRALE

DE L'OISANS

PAR

J.-H. ROUSSILLON,

Docteur-Médecin, Membre de la Société de statistique de l'Isère,
de la Société zoologique d'acclimatation des Alpes,
Correspondant de l'Académie delphinale.

BIBLIOTHÈQUE IMPÉRIALE IMPR.

GRENOBLE

TYPOGRAPHIE ET LITHOGRAPHIE MAISONVILLE ET FILS
Rue du Quai, 8

1869

APERÇU

SUR

L'HYDROLOGIE MINÉRALE

DE L'OISANS

INTRODUCTION

De toutes les régions qui, en France, sont le mieux partagées sous le rapport hydro-minéral, aucune n'a été plus favorisée que le département de l'Isère.

Les sources minérales qu'il possède, issues d'une géologie puissante et variée, sont nombreuses, riches de minéralisation et de température, et assez diversifiées entre elles, pour que ce département n'ait rien à envier aux eaux minérales de la France ou de l'étranger.

Ces sources, ainsi que toutes les choses humaines, ont, dans leur mode d'existence, des conditions et des destinées bien différentes.

Les unes, heureusement situées, privilégiées dans leur composition, et jouissant d'une efficacité notoire contre certaines maladies, sont conduites et choyées à grands frais dans des établissements où l'art et la fortune s'efforcent d'embellir leur présence. Là, elles attirent par la foule, par les agréments dont on les entoure, comme par les guérisons qu'elles procurent, et disputent à de lointaines rivales les honneurs et les avantages de la suprématie hydrothérapique.

Les autres, également riches avec une minéralisation différente, également efficaces contre d'autres genres de maladies, mais moins bien situées ou patronnées, cèdent aux premières le pas de la popularité. Plus simples dans leur entourage, elles servent néanmoins avec succès la cause de la souffrance, et reçoivent de l'opinion la faveur que méritent de véritables services.

A côté de ces sources connues et recherchées, il en est d'autres qui, avec une valeur relative, certaine, semblent, par leur position seule, condamnées à l'isolement et à l'oubli. Reléguées loin des centres de population, négligées par leurs riverains, elles coulent presque inaperçues, sans exciter l'intérêt de personne. Naïades timides, cachées au pied d'un rocher, dans un bas-fond marécageux, ou dans un coin solitaire, celles-ci ne tentent pas les regards de la spéculation, et ne sont connues que de leur voisinage, à qui la tradition et le besoin les ont révélées. Pourtant, ces sources sont douées de propriétés réelles, que la nécessité fait souvent éclater ; car si le riche les dédaigne, le pauvre les honore, et les appelle à son secours, lorsque la maladie vient le frapper. Elles le soulagent, quelquefois le guérissent, et exercent sans bruit des bienfaits répétés autour d'elles. Bienfaits obscurs, que la renommée ne fait pas retentir, mais dont la reconnaissance conserve et transmet la mémoire.

Dans cette humble catégorie de sources minérales se rangent celles que l'on rencontre dans les montagnes de l'Oisans.

Ces sources, analogues à d'autres eaux minérales, qui ailleurs sont l'objet de la vogue, paraissent avoir été de tout temps délaissées. Répandues en assez grand nombre dans le pays, et vantées comme salutaires par les premiers qui en firent usage, on y recourait, sur la foi de la rumeur, mais on ne faisait rien pour elles. Leurs eaux, abandonnées, erraient à l'aventure, au gré des intempéries, sans que nul songeât à les recueillir ou à les protéger.

A la vérité, cet abandon devait être attribué surtout à des causes locales, difficiles à dominer, et peu faites pour encourager les soins de l'homme en faveur de ces sources. Quelques-unes, situées sur les montagnes, dans des lieux écartés ou de pénible accès, restaient à peu près inconnues dans leurs retraites.

D'autres, naissant à leur pied, dans la plaine ou vallée centrale de l'Oisans, étaient plus accessibles et plus facilement exploitables; mais, dans cette plaine, où se donnent rendez-vous tous les torrents de la contrée, avaient lieu trop souvent des drames funestes. Des inondations, que facilitaient le déboisement et le dégazonnement des montagnes, venaient, de temps en temps, envahir sa surface et la couvrir de ruines. Au milieu de débordements terribles, les sources minérales étaient interceptées dans leurs cours, ensevelies sous des dépôts, forcées à se dévier, ou bien elles étaient immergées par des effluves stagnantes. Plus d'une de ces sources, dit-on, a, de ces diverses manières, disparu du sol. Celles que l'on voit aujourd'hui, durent probablement à leur position d'avoir échappé à ces naufrages réitérés. Contre de tels cataclysmes, à la fois intenses et fréquents, et dont un seul a eu pour la moitié de la plaine la durée de plus d'un siècle (1), les moyens de

_____

(1) Le lac Saint-Laurent ou plutôt l'inondation qui, à la suite des éboulements des ruisseaux de l'Infernet et de Vaudaine, changea la vallée d'Oisans tout entière en un lac, le 10 août 1181, eut un premier écoulement le 14 septembre 1219, par la rupture du barrage que ces éboulements avaient opposé au cours de la Romanche; mais cet écoulement ne fut que partiel et ne mit à sec que la moitié supérieure de la plaine; la moitié inférieure resta au pouvoir des eaux encore

défense pour ces sources eussent été tout à fait illu-
soires; Force était de les laisser livrées à elles-mêmes
et à la merci d'événements alors irrésistibles.

Leurs eaux n'étaient cependant pas rebutées pour
cela ; durant les intervalles, quelquefois assez longs,
de calme que laissaient les débordements, on repre-
nait le chemin des sources, en cas de besoin, dès
qu'elles avaient recouvré leur liberté.

Actuellement, que toute sécurité possible contre
les inondations paraît assurée à la plaine d'Oisans,
par les mesures administratives des lois récentes de
reboisement et de regazonnement des montagnes, et
par la réglementation de ses cours d'eau, les sources
minérales qui y voient le jour ont aussi retrouvé
pour elles-mêmes la sûreté nécessaire. Délivrées des
entraves que leur apportaient des invasions désas-
treuses, elles coulent aujourd'hui avec leur régula-
rité normale ; et moyennant quelques moyens de
captation ou de préservation pour l'intégrité de
leurs eaux, encore accidentellement ou temporaire-

---

plus d'un siècle après, et la plaine, restée couverte çà et là
de petits lacs ou étangs, ne fut même entièrement délivrée
que plus tard, sous le gouvernement de Lesdiguières en
Dauphiné. La communauté du Bourg d'Oisans dut à l'administration de cet homme illustre de nombreux et utiles travaux destinés à réparer les ravages de l'inondation et à en
prévenir le retour.

ment compromise, on pourra désormais y puiser en
tout temps, sans crainte des reflux torrentiels dont
elles étaient autrefois victimes.

Cet état nouveau, en assurant aux malades une
ressource minérale auparavant incertaine et dis-
putée par les torrents, promet aux sources de la
plaine d'Oisans un avenir meilleur. Il peut influer
aussi d'une manière heureuse sur celui de quelques
sources de la montagne, délaissées jusqu'ici comme
celles de la plaine. Afin que cet avenir se réalise,
pour elles, il est nécessaire d'abord que les unes et
les autres sortent de leur obscurité.

Témoin des vertus thérapeutiques de la plupart
de ces sources minérales, je me suis imposé la tâche
de les faire un peu connaître. En les mentionnant
toutes, l'attention sera particulièrement appelée sur
celles qui paraissent la mériter d'une manière plus
spéciale.

Toutefois, un simple aperçu ne peut avoir la préten-
tion de fournir sur chacune d'elles une étude des-
criptive aussi complète qu'il conviendrait de la faire.
Une telle étude, exigeant des recherches analytiques
minutieuses, peu compatibles avec la pratique rurale,
et pour la solution desquelles le bon vouloir d'un
seul ne peut d'ailleurs suffire, a besoin, pour s'exécuter, du concours des hommes compétents. Au lieu
de faire la lumière sur ces sources minérales, le but
de ce travail est plutôt de la provoquer.

D'un autre côté, parmi ces sources, les unes n'ayant jamais été analysées, les autres ne l'ayant été que d'une manière insuffisante à les faire connaître dans toute leur teneur minérale, aucune donnée positive n'existe sur leur composition. Leur mérite n'a eu pour l'éclairer jusqu'ici que la lueur de l'expérience; encore, cette expérience, plus populaire que scientifique, doit être considérée comme ayant plus de valeur numérique que de poids réel. L'observation médicale a vérifié, de son côté, les notions acquises à leur égard par l'expérience, et elle a été heureuse de pouvoir en constater bien des fois l'exactitude. Une expérience et une observation qui se résument par des faits et des guérisons sont deux présomptions assez favorables pour l'efficacité de leurs eaux, deux titres qui permettent de présenter les sources minérales de l'Oisans comme étant dignes des sympathies de la science, de celles de l'art et du public intéressé.

Avant de les envisager dans leur ensemble, il ne sera pas inutile de s'arrêter un instant sur les sources minérales de la plaine, en particulier, sur leur position actuelle et ses désagréments, sur les moyens d'y remédier et les avantages qui pourraient résulter des améliorations de leur position.

CHAPITRE Iᵉʳ.

Etat actuel des sources minérales de la plaine.

La reconnaissance des générations de l'Oisans proclame depuis un temps immémorial les sources minérales de la plaine comme possédant des propriétés médicinales contre diverses maladies. Ce témoignage d'un usage séculaire, confirmé par les résultats de l'observation médicale, est de plus ratifié par la confiance actuelle des habitants. Rassurée contre les intermittences fâcheuses auxquelles ces sources étaient jadis presque périodiquement soumises, cette confiance a pris, depuis plusieurs années, un nouvel essor, et l'emploi de leurs eaux tend à se répandre de plus en plus dans la population. Cet emploi n'a à peu près consisté jusqu'ici que dans la boisson, une seule de ces sources pouvant offrir son eau en bains. Et quoique cette boisson ne soit pas toujours bien naturelle, quoiqu'elle soit souvent prise d'une manière inconsidérée, que l'administration en bains de l'une d'elles soit à l'état rudimentaire, quoique, enfin, aucune direction sérieuse, aucune méthode

scientifique ne puissent présider à cet emploi, néanmoins, l'action de ces eaux ne laisse pas que de se
faire sentir, et malgré tous les inconvénients, chaque
année compte quelques bons effets curatifs obtenus
par elles.

Ces effets seraient plus nombreux et plus marqués,
si les sources qui les procurent, toujours négligées,
étaient enfin tirées du délaissement où elles languis-
sent, et placées dans les conditions propres à garantir leur netteté primitive.

On ne peut voir sans peine la position diverse-
ment fâcheuse où se trouvent ces sources minérales.
Les unes, mal défendues contre le voisinage des
eaux de source, pluviales ou autres, sont altérées par
leur mélange. Les autres, voisines de marécages, ou
submergées par eux, voient leurs eaux se mêler tris-
tement à leur liquide malsain. D'autres, jaillissant
sur un chemin public, sont exposées à tous les chocs,
à toutes les éclaboussures de la voirie. D'autres enfin, obstruées sous des éboulis, ne se frayent qu'avec
peine une voie pour leur écoulement. Toutes auraient besoin d'être dégagées de ces voisinages qui
les discréditent, de ces obstacles qui les étreignent,
de tous ces stigmates que leur a imprimés un passé
malheureux. Un métal, quel que soit son prix, ne
pourrait être utilisé, s'il n'était préalablement sé-
paré de sa gangue. Ce dégagement, utile pour toutes
ces sources, serait particulièrement nécessaire pour

trois d'entre elles, qui sont plus fréquentées que les autres, et qui, comme telles, ont eu l'avantage de solliciter la curiosité de la science.

Instruite de l'existence de sources minérales dans la plaine d'Oisans et des vertus qu'on leur attribuait, la commission générale de Statistique de l'Isère voulut, en 1840, en connaître la composition, et confia leur analyse à M. E. Gueymard, doyen de la Faculté des sciences de Grenoble, l'un des membres de cette commission savante. Quelques bouteilles de ces eaux, prises dans trois sources différentes, furent en conséquence envoyées à Grenoble, et traitées par l'éminent professeur dans le laboratoire de chimie de la Faculté. Les conclusions de l'analyse furent que ces eaux, reconnues comme sulfureuses, contiennent des carbonates de chaux et de magnésie, des sulfates de chaux et de magnésie, du sulfate de soude, du chlorure de sodium ; de plus, des substances terreuses, tenues en suspension ; elle affirmait en outre que les sels y sont en petites quantités. Quant à la température des unes et des autres, la notoriété la désignait comme froide.

Tout en reconnaissant la juste autorité qui s'attache au nom et aux travaux chimiques de M. E. Gueymard, qu'il soit permis de penser que cette analyse, faite sur des échantillons transportés et recueillis au milieu de circonstances défavorables, ne peut avoir dit son dernier mot. Opérée à distance,

sur des eaux qui probablement n'étaient pas parfaitement naturelles, elle n'a pu tenir compte ni de leurs
principes gazeux constitutifs, ni du chiffre exact de
leurs principes salins. De telles lacunes laissent in-
évitablement des vides à combler. Rien ne prouve
d'ailleurs qu'en dehors des éléments décélés par une
première analyse, faite il y a près de trente ans, elles
n'en contiennent pas d'autres que les progrès accomplis depuis par la science pourraient aujourd'hui ré-
véler.

Il serait donc nécessaire de revenir à de nouvelles
études sur ces eaux, de les analyser en différentes
saisons, et sous l'influence des divers états de l'athmosphère, de reconnaître et doser sur place leurs
principes gazeux, d'apprécier leurs degrés de température, et de déterminer leur richesse relative d'après
les nouveaux procédés chimiques.

Mais des études de ce genre ne pourront s'entre-
prendre que lorsque les sources, libres de tous les
liens qui les asservissent, auront été tout à fait ren-
dues à elles-mêmes. Il en est bien dont l'eau peut
être, en l'état, et dans certaines circonstances, recueillie pure; mais celles-là même sont constamment en butte à diverses causes d'accidents qui les
circonviennent, et il est urgent, comme pour les
autres, de les en préserver d'une manière absolue.

Ce but s'obtiendra pour toutes, au moyen de réparations appropriées aux exigences de la position de

chacune. Aux unes, il faudrait un captage meilleur, des travaux de forage et de canalisation qui permettent un aménagement plus convenable; aux autres, un isolement protecteur de toute immixtion liquide étrangère. A la seule inspection des sources, une initiative intelligente aurait bientôt compris d'ailleurs quels genres de réparations sont réclamés par chacune.

C'est aux propriétaires des terrains où coulent ces sources qu'incombent ces réparations importantes. Il en est parmi eux que le défaut d'aisance condamne à l'impuissance d'action. Mais pour ceux à qui l'action est possible, l'inertie plus longtemps prolongée serait-elle excusable? De leur part, de telles réparations ne seraient pas seulement un acte de générosité; elles seraient encore l'accomplissement d'un devoir, auquel assurément ils ne voudraient pas faillir.

En effet, les sources minérales sont des secours que la Providence a établis pour le bien de l'humanité. Si sa bonté les a distribuées avec tant de largesse à notre pays, ce n'est pas pour y constituer seulement un spectacle de richesses stériles, mais afin qu'elles servent au soulagement des populations. De même que les végétaux ont été créés pour les besoins de l'homme, de même les substances minérales ont à fournir leur contingent dans l'économie de la création, dont il est le but. Les sources minérales, préparées dans le grand laboratoire central, ne sortent pas partout; mais elles sortent pour tous. Si les terrains d'où elles jaillissent sont favorisés sous ce rapport, ce n'est pas pour leurs possesseurs seulement qu'elles voient le jour sur un sol qui leur appartient. Ceux-ci ne sont en quelque sorte que les dépositaires d'un bien qu'ils doivent partager avec d'autres. De là pour eux une espèce d'obligation d'en faciliter et d'en répandre l'usage. La récompense est ici d'ailleurs à côté du sacrifice, puisque, en travaillant pour les autres, ils travaillent aussi pour eux-mêmes.

Avec les avantages privés qu'elle apporterait aux propriétaires, la réintégration de ces sources serait suivie de conséquences avantageuses pour les malades, et qui, avec le temps, pourraient tourner au profit du pays lui-même. Se montrant au jour avec toutes les qualités que leurs effets thérapeutiques supposent, elles ne manqueraient pas d'exciter un intérêt nouveau. C'est alors que la science voudra les mieux connaître. Jugées dans leur composition chimique, observées ensuite dans leurs applications nouvelles, contrôlées par une expérience attentive, elles seraient classées à leur rang parmi les eaux médicamenteuses ; ainsi connues, elles recevraient, à l'imitation de leurs similaires, les moyens et les méthodes propres à développer leur énergie curative ; elles produiraient alors des effets encore meilleurs et plus significatifs que par le passé. La confiance publique répondrait à ces effets, et guidés par elle, les malades viendraient, en nombre de plus en plus grand, demander à ces eaux le soulagement et la santé.

En poursuivant cette vision d'espoir, on se plaît à croire que dès que le champ d'action de ces sources viendrait ainsi à s'élargir, le progrès ne resterait pas inactif. La valeur mieux établie de leurs eaux deviendrait pour lui un objectif à utiliser, en les plaçant dans des conditions d'installation et de distribution propres à l'usage public. Comme encouragement à une spéculation semblable, il trouverait dans le pays un élément spécial de succès, dans l'adjonction au liquide minéral inorganique exploité, de celui d'un autre liquide analogue appelé minéral organique (le petit lait) qui est un des meilleurs et des plus abondants produits de la contrée. Moyen thérapeutique excellent, dont l'importation serait très utile à l'Oisans, comme nous le démontrerons plus loin, et dont l'usage, seul ou combiné avec les eaux minérales, fait depuis longtemps la réputation et la fortune de plusieurs grands établissements de France, de Suisse et d'Allemagne.

Mais, il faut le répéter, c'est aux propriétaires des sources à faire le premier pas vers un tel avenir. Sans leur intervention préalable, toute perspective fondée sur les eaux minérales de l'Oisans, ne peut être qu'un rêve ; rêve d'autant plus décevant, qu'il

faisait entrevoir, après quelques années de recherches, d'expérimentation et d'efforts, l'intérêt des
malades satisfait, et la prospérité générale du pays
accrue par l'exploitation de l'une de ses principales
richesses minéralogiques.

CHAPITRE II.

Sources minérales en général.

S'il était toujours possible de juger les sources
minérales par les lieux qui les fournissent, si leurs
eaux étaient constamment en rapport de principes
avec les terrains desquels on les voit sortir, aucune
contrée dans les Alpes ne compterait des sources plus
riches et plus variées que celle de l'Oisans, car nulle
part les montagnes ne renferment plus de produits
minéraux et métalliques de toute espèce, plus d'éléments chimiques pour la composition de ces eaux.
De plus, celles que l'on y rencontre paraissant sortir
des terrains primordiaux ou des roches plutoniques,
devraient, selon les observations des géologues, pos-
séder généralement une haute température. La na-

2

ture n'en jugea pas ainsi, et, pour des causes dont elle s'est réservé le secret, on ne voit sortir des profondeurs de l'Oisans que des sources minérales de deux espèces : les unes, sulfureuses et légèrement salines, les autres ferrugineuses, et n'ayant, dans chaque espèce, qu'une faible thermalité.

Le gisement et l'émergence de ces sources minérales sont corrélatifs avec le système des deux chaînes colossales qui enserrent le pays de l'Oisans de leurs gigantesques replis.

Ce système comprend deux grandes divisions différentes, l'une primitive ou carbonifère, l'autre secondaire ou sédimentaire. La première est formée par le gneiss et les couches primordiales profondes ; la seconde, par de vastes dépôts de sédiments neptuniens, ayant donné naissance à des terrains de structure hétérogène, et d'âges divers. Chacune a ses plans de stratification distincte, tantôt confondus, tantôt juxtaposés, et toujours reconnaissables dans leur direction, quoiqu'ils aient été tourmentés et bouleversés par les éruptions plutoniques. Au milieu de leurs masses stratifiées, se trouvent d'immenses roches ignées, dont les matières, émanées en fusion du sein de la terre, sont venues, par injection, épanchement ou accumulation, s'intercaler dans les terrains primordiaux et dans les sédimentaires, pour y former le terrain granitoïde, au milieu des amas duquel sont

renfermées des substances métalliques de toute espèce.

C'est aux points de contact des deux grandes formations indiquées, ou dans les intercalations du
terrain granitoïde, que l'on voit ordinairement
sourdre les sources minérales des deux espèces. Les
sources sulfureuses s'éloignent quelquefois un peu
de ces points de contact pour aller sortir dans le
voisinage, mais alors c'est à proximité d'une roche
d'éruption, quand elle ne sort pas de la roche elle-
même.

ORIGINE DES SULFUREUSES.

Eu égard à ce gisement, ainsi qu'à la composition
et à la température connues de leurs eaux, à laquelle
de ces formations pourrait être rapportée l'origine
des sources sulfureuses de la plaine d'Oisans? Une
opinion peut, sous toutes réserves, être émise à cet
égard.

En considérant les principes qui paraissent dominer dans la composition de ces eaux : le gaz hydrogène sulfuré, le gaz acide carbonique, les carbonates,
le sulfate de soude, on pourrait en conclure qu'elles
sortent des terrains inférieurs ou primitifs; mais leur
faible température semble démentir cette conséquence.

Si, d'un autre côté, on observe que leurs sels principaux sont le carbonate et le sulfate de chaux, le carbonate et le sulfate de magnésie, le chlorure de sodium, etc., on sera en droit de penser qu'elles proviennent des terrains sédimentaires, et leur basse température ferait assigner cette provenance dans les assises moyennes ou supérieures de ces mêmes terrains; et ce qui semblerait confirmer cette idée, c'est qu'on voit plusieurs de ces sources sortir au bas des calcaires liasiques ou autres.

Mais, pour celles qui semblent s'éloigner ainsi des points de jonction des deux formations différentes, leur émergence apparente du lias a lieu ordinairement non loin d'une roche d'éruption, que les eaux minérales ont dû traverser avant d'atteindre les calcaires; certaines sources sortent même, sans transition, d'une roche de cette espèce. Toutes paraissent ainsi se rattacher directement ou indirectement au terrain pyrogène. Dès lors, on peut croire qu'il existe entre ces sources et la roche plutonique des relations d'origine, et que c'est dans cette roche plutôt qu'ailleurs qu'elles se minéralisent. Après avoir puisé leurs gaz dans le centre du globe, elles suivent les canaux d'émission que leur présentent les terrains primordiaux et les roches plutoniques, se chargent, dans le parcours, des matières salines qu'elles y rencontrent, et qui sont tenues en dissolution par les gaz, puis, arrivent à la surface, après avoir cheminé difficile-

ment à travers de vastes formations neptuno-plutoni-
ennes. On conçoit, dans ce cas, que le long trajet
qu'elles ont à faire, à travers les diverses séries de
terrains intermédiaires, de roches refroidies, etc.,
doit modifier leur composition et surtout abaisser
leur température première.

D'après cette dernière hypothèse, l'origine des
sources sulfureuses de la plaine d'Oisans se rapporte-
rait à un ordre de causes mixtes, tenant à la fois aux
phénomènes ignés et aux phénomènes aqueux. Mais,
dans une géologie aussi compliquée que celle de ce
pays, tant de circonstances, tant d'anomalies même
peuvent faire varier la composition et la température
de ses eaux minérales, qu'il n'est pas possible de
tirer de ces deux états, une induction un peu rigou-
reuse pour leur origine. Le gisement lui-même ne
saurait fournir d'indications précises à cet égard.

ORIGINE DES FERRUGINEUSES.

Les sources ferrugineuses ont souvent aussi,
comme les sulfureuses, leur issue dans les intervalles de juxtaposition des formations primitive et
secondaire. Cependant, leur élément minéralisateur
appartenant à toutes les classes de terrains, on les
voit varier plus que les sulfureuses dans leur émer-
genee et apparaître indifféremment sur tous les
points.

A une époque reculée, probablement antérieure aux temps historiques, des sources minérales, chargées d'oxide de fer, étaient, selon la remarque de M. Scipion Gras, nombreuses dans l'Oisans, « et « sortaient par les points de jonction des roches dites « primitives avec le terrain calcaire. On voit encore « les fentes de rochers par lesquelles elles se sont « épanchées, et les dépôts de fer hydraté qu'elles « ont formé à la surface du sol. » La plupart sont aujourd'hui éteintes. De celles qui restent, les unes se trouvent dans la plaine ; les autres coulent sur divers points des montagnes.

Les ferrugineuses de la plaine, qu'il convient d'examiner après les sulfureuses, ne sont pas généralement des sources fluentes. Cachées dans le sous-sol, elles ne se montrent qu'en partie et qu'à certaines époques. Chaque année, au printemps et à l'automne, lorsque les eaux sont basses, on voit suinter des fossés mis à sec, des mares desséchées, quantité d'infiltrations liquides à sédiments jaunes-rougeâtres, ou à teintes métalliques, sillonnant assez loin les bas-fonds de leurs eaux rouillées, ou formant sur place un limon chargé de matière ferrugineuse. Ces sortes de suintements, répandus un peu partout dans la plaine, se font remarquer particulièrement dans les terrains qui, sur la rive droite de la Romanche, longent le grand escarpement de fer hydraté sur lequel la commune de la Garde est assise.

SOURCE FERRUGINEUSE PRÈS LE PONT DE LA ROMANCHE.

Pourtant, une petite source ferrugineuse flue d'une manière à peu près permanente dans un champ voisin du pont de la Romanche. Cette source prend naissance vers le pied du talus de la rive droite, et va, par un aqueduc souterrain, se déverser dans le fossé du chemin vicinal. Vers la fin de l'automne et au commencement du printemps, alors que la Romanche, dont elle n'est séparée que par la digue, est très-basse, cette source jouit de toute sa pureté à son point d'émergence. Mais, après avoir parcouru son canal couvert, son eau arrive à l'air libre sur les bords du fossé et s'y décompose. Là, elle abandonne, sous forme de flocons ocracés, granuleux, plus ou moins abondants, le métal qui la minéralise. Charrié par l'eau, le dépôt se continue alors assez loin dans le fossé même, laissant après lui une traînée couleur de rouille, ou des pellicules irisées qui couvrent la surface de l'eau sur les points où elle est stagnante. Pendant l'été, dès que les eaux de la Romanche ont atteint un niveau supérieur à celui de la source, celle-ci s'accroît de mélanges liquides voisins, sa pureté diminue et le dépôt ferrugineux disparaît à l'embouchure du fossé, délayé par ces mélanges.

Cette source contient évidemment de l'hydroxide de fer en dissolution. A l'endroit où elle sort, son eau est limpide, incolore, d'une saveur astringente et d'une température froide. L'analyse de son résidu ferrugineux dirait si d'autres substances ne s'y trouvent pas combinées au fer, ou unies au principe gazeux qui paraît être son agent dissolvant. Les qualités martiales de cette eau en font un moyen tonique excitant, utile contre les affections asthéniques générales, le lymphatisme, l'anémie, la chlorose, ou les asthénies spéciales, telles que l'atonie digestive. Mais, dans la position qu'elle occupe, cette source ne peut être utilisée que d'une manière temporaire, et toujours subordonnée à l'hydraulique de la Romanche.

SOURCES MINÉRALES DISPARUES.

Selon la tradition et d'après les indices observés par M. Scipion Gras, des sources ferrugineuses et sulfureuses, autres que celles que l'on trouve aujourd'hui, existaient autrefois dans la plaine d'Oisans et jusque sur les bords du Vénéon. On a vu que les sulfureuses ont été effacées du sol par les alluvions qu'amoncelèrent sur lui des débordements successifs, pendant une période de siècles. Ces amoncellements furent tels, en effet, qu'ils ont fini par jeter le niveau

sur une vallée ayant eu primitivement la forme d'un
étroit bassin, au fond duquel divaguaient à leur aise
la Romanche et sés affluents (1). Les ferrugineuses
paraissent avoir été, en partie du moins, victimes
des mêmes causes, ainsi qu'on peut en juger par
les signes que donnent encore quelques-unes de leur
ancienne existence. Moins heureures que celles-ci,

---

(1) Entre autres preuves de ce fait : près des villages de
Bassey et des Essoulieux, on voyait, il y a quinze ans, les
ruines d'une vieille tour ou maison forte appelée dans le pays
la Tour du roi Ladre. Par la solidité de sa construction,
l'épaisseur de ses murs, qui avaient deux mètres au-dessus
du sol, par son diamètre intérieur de huit à dix mètres, on
pouvait juger de l'importance que devait avoir eue cet édifice.
Ses ruines se montraient au milieu d'un terrain marécageux,
qui depuis a été atterri par son propriétaire. Il est hors de
doute que ce n'est pas dans un marais qu'on est venu cons-
truire une maison semblable. Des actes publics, aux archives
de l'ancienne cour des comptes, et le souvenir du pays attestent que cette tour appartenait aux Dauphins, qu'elle avait
servi de résidence à l'un d'eux surnommé le prince Ladre, au
commencement du xive siècle, et qu'elle s'élevait sur le pen-
chant d'un côteau, à plus de dix mètres au-dessus de la plaine.
Les restes de cette tour ont été rasés et recouverts par les
atterrissements ; néanmoins, ils subsistent encore dans le sol,
les fondations n'ayant pu en être extraites à cause de leur extrê-
me solidité. Le dernier vestige extérieur de son existence est
dans le nom de Pré de la Tour qui a été laissé au champ d'où
l'on a fait disparaître cet intéressant débris de l'histoire locale.

les sources ferrugineuses que l'on dit avoir coulé anciennement sur les bords du Vénéon, à son débouché dans la plaine, ne peuvent qu'avoir été enfouies sous les irruptions dévastatrices de cet impétueux torrent; irruptions dont cette partie de la plaine portera longtemps des traces irréparables (1).

CHAPITRE III.

Sources minérales sulfureuses actuelles.

Les sources minérales épargnées par les inondations, dans la plaine d'Oisans, sont des sources sulfureuses, existant au nombre de cinq, en divers

---

(1) Au nombre des paroisses dépendantes de l'ancien mandement d'Oisans, on comptait, jusqu'au xve siècle, la paroisse des Clapiers, comprenant deux villages de ce nom et ceux qui plus tard formèrent la section des Gauchoirs. Vers la fin de ce siècle, un débordement furieux du Vénéon, dont les ravages se reconnaissent encore, emporta les maisons du principal village des Clapiers, et cette paroisse cessa d'exister. Les autres villages furent annexés à la paroisse du Bourg-d'Oisans. (Guy-Allard, *Dictionnaire du Dauphiné.*)

endroits de la plaine et sur les deux rives de la Romanche. Chacune porte le nom du village près duquel on la voit sortir. Ces sources sont, sur la rive droite, celles du Vernis, d'Essoulieux et de Châtillon; sur la rive gauche, les sources de la Paute et des Sables. A celles-là, il faudrait ajouter une source sulfureuse sur les bords du marais du Raz et une autre semblable dans les marécages de la Morlière, l'une et l'autre sans doute aussi bonnes que leurs voisines; mais, confondues avec les eaux de ces marais, elles se trouvent dans des positions trop désavantageuses pour que leur usage en boisson puisse être recommandé. La position si regrettable de ces sources oblige à ne les mentionner ici que pour mémoire.

Les trois sources sulfureuses qui ont été l'objet de l'analyse de M. E. Gueymard sont la source d'Essoulieux, celle du Vernis et celle de la Paute.

Cette analyse représente les sources précitées comme étant sulfo-alcalines faibles, et comme presque identiques dans leur composition. L'élément sulfhydrique n'ayant pas pu être observé de près, l'analyse se tait à son égard, et n'a pu dire s'il est libre ou combiné et si d'autres éléments gazeux ne se trouvent pas avec lui dans ces eaux. Le principe sulfhydrique est, du reste, parfaitement reconnaissable dans chacune d'elles, à son odeur caractéristique d'œufs gâtés et aux bulles gazeuses qui éclatent sur le liquide.

A la vue, ces eaux sont transparentes et d'une limpidité parfaite ; onctueuses au toucher, elles laissent au goût une saveur douceâtre nullement nauséeuse. Mis en contact avec elles, les métaux blancs changent de couleur plus ou moins promptement, selon le degré de sulfuration de la source. Un dépôt assez abondant de matière blanche, filamenteuse et d'apparence glaireuse, tapisse leur lit ou les bords de leur passage. La température, faible chez toutes, est, pour les unes, égale, pour d'autres, un peu supérieure à celle de l'athmosphère. Ces caractères extérieurs, communs aux trois sources traitées par l'analyse, se retrouvent également dans les autres qu'elle n'a pas étudiées, et autorise à considérer celles-ci, sinon comme identiques, du moins comme ayant avcc les premières une similitude parfaite dans la composition.

Faibles et froides, les sources sulfureuses de la plaine d'Oisans sembleront, par ces qualités vulgaires, peu dignes de l'attention publique. Cependant, ce qui paraît une défaveur serait au contraire un mérite pour elles. La faiblesse et le peu de calorique d'une eau minérale, loin de la déprécier, sont, au jugement des hydrologues, deux conditions qui, en donnant plus de stabilité à ses principes, rendent l'emploi d'une telle eau préférable dans le traitement de certaines affections. A raison de la petite proportion de substances salines qu'elle contient, elle n'en est que plus franchement sulfureuse, et l'on sait, par les exemples de Barèges, Bonnes, Cauterets, etc., combien sont considérées les eaux de cette espèce. Sa basse température, en laissant au remède toute son activité dynamique sur l'organisme souffrant, n'expose pas une constitution nerveuse traitée par cette eau aux réactions quelquefois fâcheuses de la stimulation thermale.

Ce serait une erreur de croire que les eaux minérales fortes et chaudes sont, dans tous les cas, meilleures que les faibles et froides. Toutes les maladies sont loin de demander à la thérapeutique minérale le même degré d'énergie et de puissance. Le genre d'affection à combattre et la susceptibilité individuelle modifient de bien des manières les prescriptions à cet égard. En thèse générale, l'hydrologie reconnaît que les eaux faibles sont pour l'emploi d'une utilité plus grande et d'un danger moindre que les fortes. Elles s'adressent aux mêmes maladies que celles ci, et, à cause de leur faiblesse même, elles peuvent remplir un bien plus grand nombre d'indications. Si elles frappent moins fort, c'est avec plus de sécurité. Leur action, plus lente, plus inoffensive, se prête à un usage plus prolongé et permet, à l'aide du temps, des cures plus faciles, des guérisons plus assurées que par les eaux fortes. Il est, d'ailleurs, des états douloureux, tels que les névropathies gastriques, intestinales, etc., qui, de l'avis de tous les hydrologues, réclament exclusivement les eaux faibles et se révolteraient promptement contre les fortes, si elles leur étaient appliquées. C'est surtout dans ces affections que les eaux faibles et froides manifestent toute leur efficacité. C'est, enfin, dans toutes les maladies chroniques entées sur un tempérament nerveux que leur action spéciale s'accentue davantage.

D'un autre côté, il est constant que l'action d'une eau minérale ne peut pas se mesurer à la dose ou à la qualité des éléments qu'on y rencontre. Les plus faibles en apparence contiennent, suivant les chimistes Vauquelin, Chaptal, etc., des propriétés occultes et subtiles qui les vitalisent; insaisissables à l'analyse, elles s'annoncent par d'étonnants résultats. Ces propriétés mystérieuses ne sont probablement que les effets du rôle important que joue l'électricité dans l'action des eaux minérales. Ce rôle, indiqué par la théorie du professeur Scoutetten, de Metz, expliquerait comment des eaux minérales telles que celles d'Enghien, de Plomblières, etc., où l'analyse n'a pu constater que de faibles traces de sels insignifiants, exercent cependant une action si prononcée dans certaines maladies, et comment, avec des eaux faibles et froides, leurs établissements se sont élevés à un degré de splendeur thérapeutique égal à celui d'autres thermes célèbres dont les eaux sont le plus richement dotées.

A tous ces titres, les sources sulfureuses de l'Oisans, parce quelles sont faibles et froides, n'ont pas à désespérer d'elles-mêmes. Leur faiblesse n'est pas non plus de l'inertie; et, en présence des transformations heureuses que leur usage, quoique incomplet, a opérées sur bien des malades, quiconque les a éprouvées a pu apprécier si véritablement elles ne possèdent pas, elles aussi, quelque force médicatrice réelle. Quoique faibles et froides, peut-être même parce qu'elles le sont, ces sources peuvent donc aspirer à prendre rang parmi les productions minérales de ce genre qui sont acquises à notre département.

Bornée jusqu'à présent au simple rôle d'utilité locale, leur réputation n'a jamais franchi les limites du pays. Pour lui, du moins, elles ont depuis longtemps fait leurs preuves. Aux yeux de la plupart de ceux qui en ont fait usage; leurs propriétés ne sont pas douteuses; beaucoup s'applaudissent des résultats de leur emploi; et le pays tout entier les considère comme des trésors de santé qui n'attendent qu'une situation plus normale et une exploitation plus convenable, pour répandre plus utilement et plus généreusement leurs bienfaits.

Ce but désirable sera atteint avec du travail et de la persévérance. Le patronage de la science est

surtout nécessaire au sort futur de ces sources. Il
s'agirait, en conséquence, d'intéresser à leur cause
les savants d'abord, les médecins ; les malades du
dehors ne manqueraient pas de venir à leur suite.

Les savants, naturalistes, chimistes, etc., ne sauraient rester indifférents à ce qui concerne ces
sources. Tout ce qui, dans l'histoire naturelle de
l'Oisans, s'est imposé jusqu'ici à l'étude et aux
recherches, a toujours trouvé des interprètes dignes
d'elle, des explorateurs éminents qui ont su décou-
vrir et mettre en relief les merveilles et les richesses
que ce pays renferme ; ses sources minérales reste-
raient-elles seules inexplorées, à côté des richesses
exceptionnelles dont elles font partie ?

Poser une question semblable, c'est, il faut l'espé
rer, la voir bientôt résolue.

Quant aux médecins et aux malades, ils ont à leur
disposition, dans des localités voisines, des établissements thermaux qui assurent à ceux-ci des ressources,
à ceux-là des moyens thérapeutiques minéraux de la
plus légitime importance. Des eaux minérales dans
l'Oisans seraient peut-être, pour eux, une superfluité
au milieu de l'abondance. Mais rien n'est superflu
dans la nature ; toute chose créée, avec des qualités
identiques en apparence, a sa raison d'être, son utilité
spéciale. Les médecins savent que, en médecine
surtout, ce qui abonde est loin de nuire, et l'avenir
pourra leur apprendre, ainsi qu'aux malades, si les

sources de l'Oisans, à peu près inconnues jusqu'ici, ne seraient point une variété minérale qui manquait à la collection des eaux départementales, et qui, ajoutée à leur nombre, en augmenterait avantageusement les espèces.

Ils pourront mieux en juger lorsqu'ils auront fait un peu connaissance avec les sources sulfureuses de la plaine, et avec quelques-unes des ferrugineuses de la montagne.

SOURCE SULFUREUSE D'ESSOULIEUX.

La priorité des sources sulfureuses de la plaine d'Oisans qui ont eu les honneurs d'une analyse est dévolue à la source d'Essoulieux, comme étant la mieux située, pouvant, de plus que les autres, être employées à la fois en boisson et en bains, et se prêter aux conditions d'une exploitation régulière.

Placée près du petit village de ce nom, à 1,500 mètres du Bourg-d'Oisans, sur un des points les plus fertiles et les plus abrités de la plaine, cette source sort au bas d'un coteau argileux que surmonte un escarpement des calcaires jurassiques, dont la plaine d'Oisans est bornée au nord, et tout près du point de jonction de ces calcaires, avec le grand banc de gneis et d'oxide de fer hydraté, dans l'intersection duquel se précipite le torrent de Sarène. Le terrain où elle voit le jour, dépendant de l'ancien domaine delphinal de Viennois, est aujourd'hui la propriété affermée de M. H. P., de Grenoble. Sur une terrasse, au pied du coteau, dans un creux en plein air, un petit flot liquide bouillonne et tout autour de lui de nombreux filets convergent vers le fond; telle est la source. Ainsi découverte, cette eau minérale, en arrivant au jour, est décomposée en partie dans son élément sulfurique par l'action de l'air, se trouble à la surface et laisse voir dans son creux un dépôt sulfuré noirâtre. Son réservoir se déverse, par un côté, sur un petit ruisseau qui, né non loin d'elle, passe tout auprès et presque au même niveau. Celui-ci, après un court trajet, rencontre en courant l'eau minérale et l'entraîne avec lui dans un bassin où il va tomber. Limpide et cristallin dès sa source, le petit ruisseau prend, après son mélange avec l'eau minérale, un aspect savonneux et blanchâtre. Les bords de son canal et les parois du bassin où il est reçu se recouvrent d'un sédiment blanc, floconneux, auquel adhère une espèce de mucillage. A sa chute dans le bassin, il s'opère au milieu du liquide un mouvement ascensionnel qui ramène à la surface quantité de bulles gazeuses bientôt éclatées.

A quelques mètres de cette source, dans la direction sud, tombe dans un autre petit bassin une seconde source minérale semblable, moins abondante et pa-

raissant moins sulfurée que la première. Avec elle,
quelques filets d'eau ferrugineuse coulent de temps
en temps, parallèles à l'eau sulfureuse, sans s'y con-
fondre.

Ces deux sources, surtout la dernière, ne sont pas
volumineuses. Leur quantité réelle et leur débit
relatif ne sauraient s'apprécier avec quelque certitude.
La première n'étant protégée ni contre les eaux du
ciel, ni contre celles du ruisseau voisin, qui reflue
sur la source dès qu'il vient à grossir, éprouve
ces deux causes d'une augmentation souvent anor-
male de son liquide. La deuxième coulant peu pro-
fondément au milieu de terrains perméables à toutes
es eaux étrangères, voit aussi son volume s'accroître
à l'époque de la fonte des neiges et des pluies. Dans
ces circonstances, la proportion d'éléments salins et
gazeux qui constituent l'une et l'autre obéit aux variations de volume de l'eau, et augmente ou diminue
dans une raison inverse. On a remarqué que lorsque
le ruisseau voisin est devenu plus volumineux la
source principale coule plus abondante sous la pression hydrostatique, et paraît même plus chaude.
Pendant les chaleurs de l'été ou le froid sec de l'hiver,
toutes deux reprennent leur état habituel quant à la
quantité et à la concentration des principes.

La température réelle de ces sources ne saurait
être également jugée que d'une manière douteuse.
En l'état où elles se trouvent, cette température est né-

cessairement froide; ce n'est qu'en supprimant les causes multiples de refroidissement auxquelles elles sont exposées, qu'on pourrait reconnaître leur thermo-métrie véritable.

Ces sources sont ainsi soumises à diverses altérations dont il est facile de comprendre les conséquences fâcheuses. S'opposer à leurs causes, est pour elles une nécessité flagrante, et les moyens s'indiquent d'eux-mêmes à cet effet. Un captage meilleur, une canalisation souterraine qui assure l'aménagement extérieur, sont les deux opérations indispensables pour sauvegarder cette eau minérale contre les causes atmosphériques et telluriques qui conspirent contre elle.

La nécessité de tels moyens est depuis longtemps comprise. Déjà, il y a environ vingt ans, le propriétaire de la source, homme d'initiative et de progrès, avait voulu, dans l'intérêt général et le sien propre, exécuter quelques travaux destinés à rendre l'usage de la source plus profitable à ceux qui en auraient besoin. A cette époque, la source minérale, complétement délaissée, sortait sur un chemin public qu'elle convertissait en une mare fangeuse; mêlée, dès sa naissance, à des eaux impures de toute espèce, elle était repoussante à l'œil et répugnait comme boisson. Aussi on la recherchait fort peu. Par les soins de M. P., des fouilles furent exécutées à l'encontre de l'origine de la source; l'eau minérale fut triée , et un canal amena dans le bassin où il tombe un liquide limpide et parfaitement potable. Dirigés par un esprit de progrès philanthropique, d'autres travaux préparatoires furent accomplis, d'autres dispositions prises, dans le but de la construction et de l'organisation d'un petit bâtiment, où l'eau minérale aurait été distribuée en boisson et en bains. Cette entreprise, quoique modeste, était pleine de promesses pour le public comme pour celui qui l'avait conçue. Malheureusement, un mauvais génie vint l'arrêter dans son cours et la fit brusquement suspendre au milieu de son exécution. Les travaux inachevés ont eu depuis cette époque à subir toutes les causes de détérioration ; aujourd'hui le rétablissement de la source d'Essoulieux est à peu près une question nouvelle. Il est à espérer que les travaux, seulement ajournés, sans doute, ne tarderont pas à être repris et continués jusqu'à leur achèvement, car il n'est pas possible que la philanthropie qui les a commencés veuille laisser son œuvre imparfaite.

Tout incomplets qu'ils étaient, les travaux exécutés sur la source d'Essoulieux eurent néanmoins d'utiles résultats. Grâce aux mesures prises pour isoler et purifier la source, on put venir boire de son eau. Excité par quelques bons effets, l'usage de cette boisson fut bientôt propagé au Bourg-d'Oisans et ailleurs. Puis le concours diminua, lorsque la source, délaissée de nouveau et se décomposant dans ses principes, parut aux buveurs avoir perdu de ses qualités premières.

Mais déjà le public pouvait user de cette eau sous une forme nouvelle : un petit cabinet de bains, construit d'abord pour un usage domestique, fut livré à ceux qui voulurent se baigner dans l'eau d'Essoulieux. Confié aux soins du fermier de la propriété, ce cabinet n'eut pendant plusieurs années qu'une seule baignoire, et l'eau, naturellemeut froide, devait être chauffée pour chaque bain. Cette baignoire unique et le chauffage artificiel obligeaient les baigneurs à une expectative désagréable. En dépit de ces inconvénients, leur nombre allait toujours croissant dans la belle saison. Durant une série d'années, entre 1855 et 1865, le nombre des bains donnés aux Essoulieux s'est élevé successivement de trente à deux cent cinquante dans un seul été. Ce nombre a eu ensuite des oscillations, étrangères à la source. L'affluence des baigneurs nécessita, il y a trois ans, la subdivision du cabinet unique en deux petits cabinets secondaires, munis chacun de son appareil balnéatoire, et recevant l'un et l'autre de l'extérieur le volume d'eau chaude et d'eau froide exigé pour le bain. Un système simple et bien conçu répond à ces deux besoins. Ce système consiste dans un grand vase, à large ouverture, placé au dessus d'un fourneau extérieur contigu au cabinet et recevant, au moyen d'une pompe plongeant dans le bassin, l'eau de la fontaine

soufrée, qui, après avoir été chauffée, arrive par des
conduits latéraux armés d'un robinet dans la baignoire de chaque cabinet de bains ; deux autres conduits semblables amènent de leur côté l'eau froide.
Le chàuffage a lieu en dehors, et pendant qu'il s'o-
père, un couvercle en bois est placé au-dessus du
vase.

Ce système, bien suffisant pour un établissement
de bains d'eau ordinaire, serait défectueux pour les
bains d'eau minérale, si tout, dans cette installation,
n'était pas seulement provisoire. Il importe, dans la
préparation d'un bain d'eau sulfureuse qui doit
être chauffé, que le liquide soit préservé de l'influence destructive de l'air sur le principe sulfhydrique. Selon le conseil de M. Dupasquier, de Lyon,
pour l'emploi des eaux sulfureuses en bains, lorsqu'on fait chauffer une eau de cette espèce, il est nécessaire, afin qu'elle ne perde aucune de ses propriétés, que l'opération, que l'on peut mener presque
jusqu'au degré de l'ébullition, soit faite dans un vase
à peu près clos, où l'eau ne soit en rapport avec
l'air que par une petite surface.

Ce conseil sera suivi aux Essoulieux, après qu'une
réintégration nouvelle de la source aura exécuté l'ensemble des moyens propres à garantir la pureté de
son eau, depuis sa sortie jusqu'à la baignoire. Le
système actuel fonctionne, en attendant, aussi bien
que possible : tous les soins et l'attention désirables

président aux préparatifs et à l'administration des bains à Essoulieux et les baigneurs n'ont qu'une voix pour s'en féliciter.

Douée de qualités sulfureuses prononcées et peu saline, l'eau d'Essoulieux serait une excellente boisson minérale si, comme il a été dit, elle n'avait pour adversaires, d'un côté, l'action de l'air, de l'autre, le ruisseau voisin. Tant qu'elle ne sera pas mise à l'abri de ce double contact, elle ne sera qu'un breuvage insuffisant pour les malades, et mal toléré par ceux dont l'appareil digestif ne fonctionne pas bien. Les personnes en santé peuvent en faire usage impunément, surtout lorsqu'elle a été chauffée. C'est l'eau du bassin, c'est-à-dire celle de la source et celle du ruisseau mêlées, qui sert excluvivement aux besoins domestiques de la ferme voisine, ainsi que pour abreuver le bétail des écuries. Les chevaux et les ruminants s'en montrent même assez avides.

Si cette eau minérale ne peut être sûrement conseillée comme boisson, son emploi en bains paraît mériter une recommandation bien différente. Quoique considérablement atténuée dans ses qualités sulfureuses, par son mélange avec le petit ruisseau et par sa décomposition partielle, elle paraît conserver, prise dans le bassin, une énergie suffisante pour un bain sulfureux et être d'ailleurs une eau hygiénique très-convenable. Aussi c'est de cette manière qu'elle est employée par le plus grand nombre, et son action, comparée à celle du mode d'emploi en boisson, paraît justifier tout à fait cette préférence. C'est ce qui résulte de l'observation et des renseignements pris auprès de ceux qui en ont usé de l'une et de l'autre manière.

Interrogés sur les effets consécutifs qu'avait produits sur eux l'eau d'Essoulieux, ceux qui l'avaient prise en boisson reconnaissaient, les uns, qu'elle avait été apéritive ou laxative selon les quantités ingérées ; les autres, qu'elle avait eu pour eux des effets excitants, tantôt de l'appareil digestif, tantôt des fonctions de la peau. L'appareil bronchique en avait été également influencé. Un catarrheux, qui avait usé de l'eau en boisson et en inhalations répétées pendant quinze jours, vit son expectoration diminuer et des sueurs nocturnes disparaître. Après vingt-cinq ou trente jours du même emploi en boisson, auquel on ajoutait les fomentations, des engorgements glandulaires étaient venus à résolution ; les gargarismes de cette eau, ajoutés à la boisson, avaient amené la cicatrisation d'ulcérations pharyngiennes et mis fin à quelques manifestations herpétiques. L'ophthalmie scrofuleuse chronique s'était heureusement modifiée au moyen de cette boisson continuée et de lotions faites sur les paupières malades ; des ulcères variqueux, lotionnés de la même manière pendant un mois, s'étaient changés en plaies simples, dont la cicatrice ultérieure avait acquis une

solidité normale. Chez d'autres qui avaient bu de
cette eau d'une manière intempestivé ou peu modé-
rée, la boisson avait eu des effets contraires. L'ingestion seule d'un demi-verre a produit, chez deux
gastralgiques, les symptômes d'une indigestion pénible. D'autres, enfin, après en avoir usé et abusé,
déclaraient n'en avoir ressenti ni bien ni mal.

Cette même eau prise en bains a compté des effets
encore plus heureux et jusqu'à des succès. Par elle,
celui-ci affirmait avoir été délivré d'un lumbago
chronique, après huit à dix bains; celui-là, d'un
prurit ancien et douloureux. Un rhumatisant avait
vu ses douleurs cesser, à la suite de quelques bains
un peu prolongés et un peu chauds, une sciatique
douloureuse était devenue supportable. Des douleurs
vagues, des névralgies intercostales et autres, traitées
par ce moyen, avaient disparu, pour un temps lorsqu'elles tenaient à une cause rhumatismale, et d'une
manière définitive quand elles étaient le résultat
d'une transpiration supprimée. Les dermatoses, herpétiques, scrofuleuses, psoriques, étaient amendées
par cette balnéation; certaines même paraissent
avoir reculé devant l'emploi simultané et continu
de l'eau en boisson et en bains. Pour d'autres baigneurs, l'eau d'Essoulieux n'avait eu que l'effet
hygiénique du bain, toutefois avec la différence
qu'elle n'exerçait pas sur eux l'influence hyposthé-
nisante de l'eau ordinaire.

Un assez grand nombre de ces cas pathologiques
ont été soumis à l'eau d'Essoulieux, d'après nos
conseils ; ils pourraient servir ainsi de matière à
une collection d'observations recueillies pendant
dix-huit ans, et dont la statistique fournirait les
meilleures preuves en sa faveur. Mais eu égard
aux circonstances dans lesquelles s'est trouvée la
source durant tout ce temps, il serait difficile au
médecin de faire une juste part de succès à la
médication sulfureuse, de définir nettement son
rôle et d'en tirer des conséquences autorisées. Ce
que l'on peut dire, cependant, c'est que, par
les cas cités, cette source témoigne de propriétés
curatives incontestables. Ces propriétés sont pres-
senties, il est vrai, plutôt que déterminées. Mais en
laissant parler les faits seulement, il faudra reconnaître que si l'ingestion d'une eau minérale dénatu-
rée, comme l'est celle d'Essoulieux, si son emploi,
plus empirique que médical, en bains, ont pu, malgré
tout, soulager, même guérir des malades, il est cer-
tain qu'on pourrait espérer bien mieux d'elle au cas
où elle serait replacée dans sa situation naturelle,
puis, si, après avoir été étudiée et jugée dans sa valeur minérale, elle était mise en état de rendre les
services thérapeutiques. qu'ailleurs on retire de ses
semblables.

Il faut pour cela, nous le redirons encore, un concours de bonnes volontés et de lumières qui ne sau-

raient lui faire défaut et que nous appelons de tous nos vœux.

En attendant, et comme point de départ des recher‑ches à venir, il est nécessaire de connaître le juge‑ment qu'a porté la chimie sur la source d'Essoulieux, par l'analyse de M. Gueymard.

D'après cette analyse, l'eau minérale d'Essoulieux a fourni, pour un litre d'eau, les résultats suivants :

Carbonate de chaux....	0ᵍ098
Carbonate de magnésie...:........	0.048
Sulfate de magnésie.............	0.027
Sulfate de chaux..............	0.034
Sulfate de soude..............	0.015
Chlorure de sodium.............	0.020
Substances terreuses tenues en sus‑pension dans les eaux.........	0.025
	0ᵍ267

Cette analyse, précieuse pour la source d'Essou‑lieux, n'a pu, à cause des circonstances que l'on connaît, donner que des conclusions incomplètes. Un échantillon a suffi pourtant pour faire constater sa composition sulfo-alcaline. Les analyses compa‑ratives des deux autres sources établissent que celle‑ci est plus minéralisée que les autres et qu'en outre elle compte de plus le sulfate de soude parmi ses principes salins. Une analyse nouvelle de l'eau

minérale d'Essoulieux trouvera dans le travail de
M. E. Gueymard un guide à suivre ; et, secondée par
ses recherches et par les procédés sulfhydrométri-
ques nouvellement introduits, elle pourra en étendre
et en compléter l'étude. Elle aura à examiner en
même temps, dans la deuxième source en particulier,
le rôle que peut y jouer l'élément ferrugineux associé
avec elle. Cet élément, qui paraît figurer ici d'une
manière accidentelle à côté du principe sulfhydrique,
s'annonce également, à certaines époques de l'année,
dans le fossé voisin, par des dépôts ocreux dissimu-
lés sous les joncs et semblant indiquer le voisinage
d'une source ferrugineuse. Richesse minérale qui,
une fois trouvée et ajoutée à la première, donnerait à
leur exploitation commune une valeur réelle d'utilité
publique.

Avec tous ces moyens de succès minéralogique,
la source d'Essoulieux, placée en des mains intelli-
gentes, ne saurait rester inféconde. Rétablie et ins-
tallée dans des conditions convenables, elle pourrait
aspirer, sans trop de prétentions, à devenir une petite station minérale d'été, que sa position salubre,
son site agréable et tranquille, les aspects grandioses
et pittoresques qui l'entourent, rendraient chère à
tous ceux dont le seul but, en allant aux eaux, est la
guérison. L'hygiène, sinon la mode, y attirerait de
nombreux baigneurs, et parmi eux, les touristes
qui, chaque année, viennent demander des spec-

tacles et des émotions à l'Oisans et à son imposante nature.

SOURCE SULFUREUSE DU VERNIS.

Après la source minérale d'Essoulieux, la plus intéressante des sources de la plaine d'Oisans est celle du Vernis, située à deux kilomètres à l'est de la première, à vingt minutes du Bourg-d'Oisans, et, comme celle-ci, sur la rive droite de la Romanche. Elle a son origine au bas du grand escarpement granitique et ferrugineux au-dessus duquel apparaît le village de l'Armentier, et presque verticalement au-dessous d'un ancien gisement de cuivre sulfaté, exploité au temps des Dauphins et dont on aperçoit en haut les orifices d'excavation. On la voit sourdre au niveau du sol, sous des blocs de rochers, par deux filets principaux émergeant en sens contraire, pour venir former une petite nappe commune. Son écoulement, tout.à fait négligé, se fait avec peine au milieu de joncs, de plantes aquatiques, de débris végétaux désorganisés, jusque dans un cours d'eau qui passe tout auprès.

L'émergence de cette source a lieu dans les rapports géologiques indiqués pour les sources minérales de l'Oisans. Elle sort directement du granit et non loin du contact de la roche plutonique avec les

calcaires anciens qui forment le couronnement de la
montagne.

A sa source, l'eau, abritée sous des rochers, est pure,
d'une transparence parfaite et d'une température de
10 à 12° centigr. Arrivée à l'air dans la petite nappe,
elle y stationne, s'y décompose en partie, se trouble
et précipite en noir dans son canal d'écoulement.
Le réservoir formé par la nappe est tapissé d'un
dépôt sulfureux blanc, et bordé, en été, de conferves
dont la verdure tranche agréablement sur la couleur
lactescente de l'eau minérale.

Tels ont été les résultats obtenus par l'analyse que
fit M. E. Gueymard sur un litre de la source du
Vernis :

Carbonate de chaux..............	0^g100
Sulfate de chaux................	0.036
Sulfate de magnésie	0.008
Chlorure de sodium.............	0.006
Substances terreuses tenues en suspension dans les eaux.......... ..	0.040
	0^g190

A ces éléments se joint le gaz hydrogène sulfuré,
son minéralisateur principal, dont la présence se
révèle par l'odeur hépatique, par le sédiment blanc
et par les bulles gazeuses qui le caractérisent. L'eau

est douce au goût, onctueuse au toucher et sans saveur nauséabonde.

D'après ces caractères physiques et ceux constatés par l'analyse, l'eau minérale du Vernis est sulfo-alcaline, comme celle d'Essoulieux, avec une minéralisation moindre. Elle semble se rattacher aux eaux alcalines calciques, tandis que la première se rapprocherait elle même des alcalines sodiques. Sa faible alcalinité en fait une boisson légère et facile à supporter. Des constitutions affaiblies, réfractaires à d'autres eaux minérales, ont pu user de celle-ci sans peine et même avec avantage.

Cette source, très-anciennement connue dans le pays, a été longtemps la ressource minérale principale de la population. On y avait d'autant mieux recours que, par sa proximité du bourg et par ses bonnes qualités reconnues, elle était à peu près sans rivale dans le pays et au dehors. Celle d'Essoulieux, délaissée à cause de sa position, était presque igno-rée; les autres sources, situées çà et là dans la plaine, bornaient leur influence au cercle de leur voisinage. La source du Vernis avait d'ailleurs pour elle la reconnaissance publique. Elle avait été utile à la population du Bourg-d'Oisans dans plusieurs graves circonstances, et on ne l'avait point oublié. Un souvenir traditionnel, consigné dans un document médical de la fin du siècle dernier, rapportait que durant les épidémies du dix-septième siècle, dont

les habitants eurent grandement à souffrir, l'eau
minérale du Vernis fut employée comme prophylac-
tique et comme curatif, et que son emploi, devenu
général en désespoir de cause, sauva une partie de
la population que le mal avait déjà décimée.

L'auteur de ce document, M. Andriol, honorable
médecin du pays, avait trouvé, à son début dans
l'Oisans, la confiance généralement établie à l'égard
de l'eau minérale du Vernis, et il s'en servit comme
d'un levier utile contre un grand nombre des maladies qu'offrit à ses soins une longue et difficile pratique. Durant une carrière médicale de près de
soixante ans dans la même contrée, il avait vu passer
ser devant lui plusieurs générations de familles, la
population se modifier de diverses manières. Dans
cette évolution successive, il lui fut donné d'observer
bien des maladies innées, bien des transmissions
morbides de cause héréditaire. Contre les diathèses
qui en résultaient, l'eau du Vernis lui parut un bon
moyen dépuratif, à la fois tonique et sédatif. Leurs
manifestations diverses étaient combattues par toutes
les formes d'emploi de cette eau. Les localisations
morbides chroniques, de cause interne, et les affections internes elles-mêmes, chroniques ou subaiguës,
qui paraissaient sous l'empire d'une cause constitu-
tionnelle, subissaient les applications variées de l'eau
minérale, qu'elles paraissaient surtout réclamer. Ces
divers traitements, continués pendant un temps suffi-

sant, étaient assez souvent couronnés de succès;
quelques vieillards, qui y avaient été soumis dans
leur premier âge, nous en ont rappelé des exemples,
et ils avaient conservé de leur guérison par cette eau
un sentiment de gratitude persistante pour le médecin
et pour le remède. Après la mort de ce respectable
vétéran de la médecine (1), qui supporta jusqu'à l'âge
de 84 ans le poids d'une laborieuse pratique, avec un
dévouement et une abnégation dont le souvenir vit
toujours parmi les habitants de l'Oisans et des cantons
voisins, la source du Vernis, objet de ses prédilec-
tions médicales, fut peu à peu négligée, puis éclipsée
devant la réputation alors toujours grandissante des
eaux d'Uriage.

Il nous a légué, avec ses conseils paternels, sa
confiance envers cette eau minérale. Nous aurions
cru forfaire à la reconnaissance publique, à l'intérêt
du pays, et au respect dû à la mémoire de notre vé-
nérable aïeul, en laissant tomber dans l'oubli une
source qui, par son entremise, a rendu de nombreux
services à la population. Fort de son expérience, nous
en avons conseillé l'usage dans plusieurs affections
chroniques, dartreuses, scrofuleuses, etc., et dans
les maux externes qui en sont l'expression. Les

(1) En 1834.

tumeurs lymphatiques, l'hydarthrose, des engorgements glandulaires, une ankylose par rétraction
des tissus albuginés, etc., ont été soumis à son
usage prolongé; et plus d'une fois elle a obtenu sur
ces affections des avantages marqués. Ses qualités
sédatives ont été mises à profit dans les irritations
chroniques, gastriques et intestinales, dans les
catharres chroniques de la vessie, etc. Légèrement
excitante de la sécrétion rénale, elle a heureusement dissipé des anasarques, des suffusions séreuses
diverses, avec plusieurs verres de sa boisson par jour.
Enfin, elle nous a paru avoir, outre ses propriétés
thérapeuthiques, des qualités hygiéniques qui la
rendent favorable à la digestion, à la nutrition, et
en permettent l'usage modéré à table aux personnes
bien portantes.

La boisson et l'application externe sont les seuls
modes d'emploi possibles de l'eau du Vernis : sa situation rend impraticable toute autre forme d'exploitation. Il serait préférable sans doute de boire cette
eau, comme toutes ses semblables, à la source même,
parce qu'elle contient là des principes qui se dé-
gagent par le transport. Mais pour ceux qui ne
peuvent en user qu'à domicile, il est nécessaire de
l'avoir aussi pure que possible. A cet effet, on devra
puiser l'eau à sa sortie même, dans des vases ou
bouteilles d'une propreté minutieuse, et qu'on aura
soin, une fois remplis, de tenir soigneusement bou-

chés. Avec ces précautions, cette eau peut se conserver quelque temps, sans altération notable.

Une chose se fait regretter pour la source du Vernis, c'est que, depuis une vingtaine d'années, elle
paraît avoir diminué dans son volume ; pour des
causes inexpliquées jusqu'ici, elle se dévie du côté
nord par plusieurs filets, que l'on voit sortir à peu de
distance de ce côté, au milieu d'un gazon marécageux. Un travail de fouilles convenablement exécuté à l'origine même de la source, et poursuivi à
quelques mètres jusqu'à la rencontre des déviations,
pourrait réunir en un seul tronçon liquide tous ces
filets épars. Ainsi colligée, l'eau de la source double-
rait de volume. Il s'agirait alors de la garantir de
l'air, en l'enfermant dans une petite enceinte en maçonnerie solide et bien couverte, disposée de manière à ce que l'eau pût jaillir au dehors par une ouverture où l'air n'aurait que peu d'accès. Quelques
tranchées dans le sol assainiraient le terrain toujours
humide par où l'on accède à la source, et un petit
pont jeté sur le ruisseau de Font-Pérol en assurerait
le passage. Ce sont autant de vœux à l'adresse du
propriétaire à qui est échue la chance d'avoir en sa
possession une source semblable, et, à son défaut, à
celle d'une administration locale protectrice des intérêts de la santé publique.

SOURCE SULFUREUSE DE LA PAUTE.

Une troisième source sulfureuse existante dans la plaine d'Oisans est celle de la Paute. La source ainsi désignée a son origine près du village de ce nom, au pied d'une montagne argilo-calcaire, juxtaposée aux roches cristallines schisteuses, qui, du côté de l'Oisans, forment les contreforts de Taillefer. Cette source est multiple, et sort par des filets nombreux, différents de volume, et disséminés le long de la montagne, sur une longueur d'environ 200 mètres. Plusieurs jaillisent du sol avec effort, et sous une certaine pression, au milieu des fissures d'un calcaire ancien métamorphique.

Celle-ci est située sur la rive gauche de la Romanche, et presque en face de l'endroit où se trouve, sur la rive droite, la source d'Essoulieux. Sortant l'une et l'autre du même sol sédimentaire, ces deux sources peuvent avoir entre elles des relations souterraines, et ont peut être été séparées, dans leur émergence, par la dislocation violente à laquelle la vallée d'Oisans a dû sa formation.

Quoi qu'il en soit, la source de la Paute, un peu plus minéralisée que celle du Vernis, se rapproche davantage de celle d'Essoulieux par sa composition, ainsi que l'atteste l'analyse de son eau par M. E. Gueymard.

Cette analyse, a eu, pour un litre de l'eau minérale, les résultats suivants :

Carbonate de chaux.............	0^{g}100
Carbonate de magnésie..........	0.010
Sulfate de chaux...............	0.027
Sulfate de magnésie............	0.037
Chlorure de sodium.............	0.017
Substances terreuses en suspension	0.010
	0^{g}201

Ainsi que les précédentes, la source de la Paute n'est pas riche en substances salines; sa vertu réside surtout dans le principe sulfureux qui l'anime, et dont l'analyse n'a pu juger ni les quantités, ni les combinaisons. Ce principe s'annonce lui-même par une odeur sulfureuse très-prononcée, qui a fait donner à la source le nom trivial de *Font-Flairant*, et par des traces de soufre assez abondantes sur les pierres du milieu desquelles les filets s'échappent. Leur température, quoique froide est un peu supérieure à celle du marais qui leur est contigu. Au toucher, certains filets paraissent émettre une eau un peu plus chaude que d'autres, comme aussi quelques-uns semblent être plus sulfurés. L'eau, prise sur les uns et les autres paraît identique ; limpide et transparente, elle est douce et légère à l'estomac, dont elle facilite les fonctions. Les cultivateurs, dans leurs travaux des champs voisins, usent volontiers de cette eau, et n'en éprouvent, disent-ils, aucun dommage, quelle que soit la position où ils se trouvent. Les animaux, domestiques ou autres, manifestent du goût pour elle, et l'on a vu même des chamois venir des sommités voisines s'y désaltérer.

Par sa minéralisation, la source de la Paute, sulfo-alcaline, comme les deux premières, différerait de celle d'Essoulieux en ce qu'elle est carbonatée calcique, et de celle du Vernis par ses qualités magnésiques. Chacune de ces trois sources aurait ainsi, avec une composition similaire, une nuance minérale qui la distingue des autres. Ces nuances pourraient s'exprimer par l'excitation pour la source d'Essoulieux, la sédation, pour celle du Vernis, et celle de la Paute tiendrait en même temps de l'une et de l'autre. C'est ainsi, du moins, qu'ont paru à notre observation se différencier les résultats obtenus sur les malades par l'emploi comparé de ces trois sources différentes.

Avec ces qualités mitigées, l'eau minérale de la Paute active doucement les fonctions de l'estomac, et en incitant les contractions intestinales, favorise les mouvements de nutrition et d'absorption. Ainsi s'expliqueraient ses bons effets dans les phlegmasies chroniques de la muqueuse diges-

tive, chez les personnes débilitées, dans les conges-
tions des organes abdominaux, ou les accumulations
séreuses résultant de fièvres intermittentes. Cette eau
minérale passe, dans l'opinion de ses voisins, pour un
spécifique véritable contre les fièvres de cette espèce.
Parmi les habitants des villages qui forment sa clien-
telle, à peu près exclusive, et que la proximité des
marais expose aux fièvres paludéennes, plus d'un
assure avoir été guéri de la fièvre intermittente par
la seule ingestion répétée de cette eau, à la source
même. Ce qui est plus constaté pour nous, c'est son
action contre l'atonie des vaisseaux absorbants, et
l'efficacité qu'a eue son emploi chez deux malades
atteints d'hydropisie asthénique.

Les maladies chroniques de la peau, l'impetigo,
l'eczèma, le prurigo, ont été sinon guéries, du moins
heureusement influencées par cette même eau en
boisson et en lotions suivies à la fois.

Dans les maladies du système osseux, dépendantes
d'un vice constitutionnel, la carie, la nécrose, etc ,
l'eau minérale de la Paute a produit des résultats
assez remarquables. Un exemple de carie suppurée
du tibia, guérie par la boisson et les injections de
cette eau continuées pendant un an, et un autre
exemple de la cicatrisation régulière d'un moignon
qu'entravait une suppuration abondante et viciée,
après l'amputation de la cuisse chez un adulte, et

qui a été obtenue par les mêmes moyens, se sont offerts l'un et l'autre dans la pratique de M. R. mon père, médecin et chirurgien habile, dont la générosité et le dévouement égalaient le tact chirurgical. Dans la nôtre, nous retrouvons une observation d'ostéite scrofuleuse articulaire chez un enfant, une d'arthritis chez un adulte, traitées avec avantage par la boisson et les applications externes de cette eau, et d'autres observations, où ses effets ont été mis en évidence pour des maladies internes.

La position fâcheuse de la source de la Paute interdit l'emploi de son eau autrement qu'en boisson. Cette position, tout à fait délaissée, aurait grandement besoin d'être améliorée. La misère, il est vrai, est la cause principale de ce délaissement, dont le spectacle seul afflige le regard. Mais, voir à côté de son champ de ces bonnes et belles eaux jaillir sur un chemin de hâllage ; les voir sans cesse foulées par les passants, par les bestiaux et les véhicules qu'ils traînent, souillées par la boue et les immondices, refoulées par le marais, etc., et ne rien faire pour les garantir, est d'une indifférence et d'une ingratitude que toute la misère ne peut excuser. En soignant ces sources, c'est pour lui que le pauvre travaille. S'il n'est pas reconnaissant du bien qu'elles ont pu lui faire, à lui ou aux siens, qu'il songe à l'avenir, à la maladie, qui tôt ou tard viendra, et au besoin qu'il pourra avoir de leur secours.

Alors il fera quelque chose pour les avoir pures, et les préserver des outrages auxquelles elles sont journellement exposées.

SOURCE SULFUREUSE DES SABLES.

A trois kilomètres de la source de la Paute, et aussi sur la rive gauche de la Romanche, se trouvent plusieurs autres petites sources sulfureuses, dans le mas des Sables, et près du village de Rochetaillée (1). De ces sources, les unes recouvertes d'éboulis, obstruées par des pierres, ou gênées dans leur écoulement, sortent çà et là par où elles trouvent une issue, d'autres, arrivent plus librement au jour sur les bords du canal appelé la Béalière. Celle de toutes qui paraît mériter le plus d'intérêt pour l'usage est la source que l'on voit naître près du point de ren-

---

(1) Le village de Rochetaillée est ainsi appelé du chemin taillé dans le roc qui passait tout auprès et dont on voit parfaitement les restes Ce chemin, construit après le premier écoulement du lac Saint-Laurent, avait pour but le rétablissement des communications du bourg de Saint-Laurent-du-Lac avec Grenoble Le dauphin Guigues-André étant venu visiter ce bourg au mois de juillet 1227, on est porté à croire que le chemin de Rochetaillée a été percé tel qu'il est dans l'intervalle de 1219, époque du premier écoulement du lac, à 1227.

contre de l'ancien et du nouveau canal. Les unes et les autres ont leur origine au bas d'une montagne granitique qui prolonge vers le nord les contreforts de Taillefer, prolongement surmonté lui-même par la pyramide du Grand-Galbert.

L'eau minérale des Sables n'a jamais ête l'objet d'aucune analyse qui ait pu déterminer sa composition. Elle est sulfureuse, et quant à ses autres principes, la conformité d'effets de cette eau prise en boisson, les propriétés semblables qu'elle manifeste dans les mêmes maladies, et toutes ses qualités extérieures, font préjuger qu'elle est sinon identique, du moins très analogue à celle de la Paute.

Ce qui prouve beaucoup en faveur des sources minérales des Sables, c'est la confiance en quelque sorte illimitée que les habitants ont en elles. Il en est parmi eux qui usent de ces eaux comme d'une panacée universelle à tous leurs maux. Pendant le choléra de 1854, qui frappa assez cruellement cette partie de la plaine d'Oisans, la population en détresse eut recours à la source des *Fonts Chaudes*. (C'est ainsi qu'on les appelle, de ce que leur température est en effet un peu chaude). Elle en fut soulagée, et bientôt rassurée par la disparition du fléau. Cette population a conservé depuis de la reconnaissance pour la naïade qui l'a si visiblement protégée.

Le meilleur moyen de reconnaître ce bienfait serait de dégager la source de la Béalière, d'un côté,

des éboulis de la montagne, de l'autre, des reflux
des eaux de la plaine ; de la couvrir par un petit travail en voûte de maçonnerie solide, qui fermerait
l'eau minérale et ne la laisserait sortir que par une
petite ouverture.

SOURCE SULFUREUSE DE CHATILLON.

Sur la rive droite de la Romanche, et presque vis-
à-vis de Rochetaillée, une autre source sulfureuse
sort près du village de Châtillon, au bas des calcaires marno-schisteux qui supportent la commune
du Villard-Reculas. Ainsi que ses congénères, cette
source n'est pas unique ; depuis l'endroit appelé le
Raffour jusqu'à Combe-Croze, on rencontre des filets
plus ou moins sulfureux, distribués le long de la
montagne, sur une longueur de 600 mètres environ.
Le plus minéralisé de tous est celui qui forme la
source dite de Combe-Croze, et c'est celui qui mé-
riterait la préférence pour l'usage des malades, s'il
ne sortait au bord d'un marais avec lequel, faute de
garanties, ses eaux vont s'unir.

Cette dernière source, ainsi que celle du Raffour,
ont leur part de vertus comme eaux sulfureuses.
Il est à notre connaissance que leur eau minérale, en
boisson, a contribué au soulagement de plusieurs
malades des communes d'Allemont et d'Oz, qui les

avoisincnt. Des dartreux, des scrofuleux, des rachi-
tiques même en ont ressenti les effets toniques et dé-
puratifs. Deux ouvriers revenus rhumatisants des
mines de Rive de Gier, où ils avaient travaillé, ont
éprouvé de l'usage de cette eau une excitation rénale
salutaire qui a beaucoup aidé à leur rétablissement.

L'analogie d'effets, et de propriétés ainsi que celle
d'aspect, d'odeur, et de saveur sulfhydriques, permet
de considérer la source minérale de Châtillon comme
appartenant à la même famille que les autres sulfureuses de la plaine d'Oisans, et comme en ayant les
qualités principales. Si on en juge par quelques effets
particuliers, on peut supposer que cette source, ainsi
que celle des Sables, auraient aussi chacune leur en-
tité minérale spéciale, telle qu'on a pu la présumer
chez les trois premières. Dans ce cas, les sources sulfureuses de la plaine d'Oisans formeraient entre elles
un groupe dans lequel, avec des traits génériques
communs, chacune d'elles aurait une caractéristique
qui lui est propre.

On a remarqué depuis quinze ou vingt ans que
plusieurs des filets sulfureux de Châtillon, les plus
voisins de Combe-Croze, ont maintes fois varié dans
leur émergence. Disparaissant sur un point du pied
de la montagne, ils allaient reparaître ailleurs, quelquefois plus en avant dans la plaine.

Il est à présumer que ces variations, sans doute
aussi anciennes que leur cause, sont l'effet de la

commotion plus ou moins violente imprimée au sol par la chute d'une avalanche, quelquefois très-volumineuse (1), qui des hauteurs du Villard-Reculas fond en cet endroit sur la plaine, en hiver, par le couloir de Combe-Croze.

S'il n'est pas possible de préserver la source de Combe-Croze, qui paraît être le plus utile de tous les filets sulfureux de Châtillon, des étreintes d'un voisin aussi redoutable, du moins il serait nécessaire, dans l'intérêt public, de la mettre en sûreté, en recherchant son origine hors du marais, et jusqu'au rocher, s'il y a lieu, en la garantissant ensuite, une fois trouvée, par des moyens simples et solides contre les précipitations de la montagne et contre l'envahissement des eaux d'alentour.

---

(1) Cette avalanche, quand elle est un peu volumineuse, produit par sa chute un effet de statique très intéressant : Le couloir par lequel elle se précipite est tortueux sur une hauteur d'environ deux cents mètres ; sollicitée en tombant par des impulsions contraires, la colonne de neige, à sa chute sur le sol, obéit à la résultante et décrit sur la plaine une vaste courbe régulière, concentrique à la montagne, se terminant par une ligne neigeuse parfaitement égale dans ses dimensions en hauteur et en épaisseur, et parallèle à cette dernière.

CHAPITRE IV.

Sources minérales ferrugineuses.

———

Aussi bien que les sulfureuses, les sources ferrugineuses de l'Oisans demandent à être connues. Certaines d'entre elles figurent trop avantageusement parmi les richesses hydrominérales de la contrée pour rester dans l'oubli.

De même que le fer leur minéralisateur, les eaux ferrifères se retrouvent un peu partout dans l'Oisans, et d'une extrémité à l'autre du pays, de nombreuses traces les attestent. Nous laisserons la quantité pour ne rechercher que la qualité, et nous nous bornerons à la connaissance de trois principales, dont une seule encore méritera de fixer l'attention.

Ces trois sources sont : celle de Maillaud, commune d'Auris-en-Oisans ; celle de la Palue, commune d'Oz, et celle de Bullian, dans le vallon de l'Eau-d'Olle, commune de Vaujany.

SOURCE FERRUGINEUSE DE MAILLAUD.

Sur un vaste plateau incliné et de l'exposition la plus heureuse, se trouve la commune d'Auris, à une élévation moyenne de 1200 mètres au-dessus des mers. Ses collines, descendant en pentes irrégulières jusqu'au-dessus d'un escarpement de roches, au bas duquel coule la Romanche, présentent les trois côtés d'un magnifique amphithéâtre de végétation, de forêts, de cultures, au levant, au midi et au couchant ; et, sur les degrés de cet amphithéâtre, des villages et des habitations sont assis çà et là, en maîtres de ces hauts domaines.

Vers le levant de ce plateau si animé, se montre le petit village de Maillaud, que le voyageur, passant sur la route de Briançon, et arrivant au-dessus des gorges de l'Infernet, aperçoit de l'autre côté de la Romanche et de son gouffre, au milieu d'un petit paysage gracieux et tranquille. Au bas de ses prairies, et sous leurs grands ombrages, coule une source ferrugineuse digne de l'intérêt de la science et de la considération publique. Elle est en rapport avec une formation géologique remarquable, et c'est probablement à celle-ci qu'elle doit les qualités physiques et chimiques qui la distinguent.

Entre les communes d'Auris et celle du Freney qui l'avoisine, et au-dessous des calcaires magnésiens et dolomitiques qui les séparent, on remarque une bande de couches anthracifères, d'environ 80 mètres de puissance, intercalée au milieu des gneiss et des schistes talqueux, que recouvrent ces calcaires. L'intercalation de ces couches, marquée

par la couleur noire de l'authracite, tranchant sur
celle des roches encaissantes, peut être saisie d'un
seul coup d'œil par le voyageur qui suit la route de
Briançon, à deux ou trois cents mètres en avant de
la galerie de l'Infernet. Là, cette bande apparaît
coupée presque perpendiculairement à sa direction,
par une scissure étroite et profonde, au fond de laquelle on entend gronder la Romanche. C'est au-
dessus de la coupure, et sur la colline, que se trouve
la source ferrugineuse en question.

Au milieu d'un bosquet d'aunes et de bouleaux,
d'une hauteur plus qu'ordinaire, jaillit au pied d'un
arbre une source assez volumineuse, qui coule dans
un creux voisin. Près d'elle, et jusque sur le tertre
qui la domine, d'autres filets ferrugineux imbibent
le sol. ou vont se perdre dans le gazon. Sur l'espace
occupé par ces sources, on respire une chaleur humide, la végétation étale une vigueur singulière,
le terrain échauffé ne voit jamais, au dire des gens
du village, la neige prendre pied sur lui en hiver,
enfin, la main placée devant l'orifice de la source,
perçoit une sensation de chaleur d'environ 15° Réau-
mur.

Depuis longtemps, une rumeur insouciante pu-
bliait l'existence d'une source minérale chaude à
Auris; elle ajoutait même que cette source était
bonne. Mais là se bornait l'attention publique à son
égard. L'endroit était isolé, l'accès de la source

peu commode ; et pour ces motifs, l'eau minérale de
Maillaud n'exerçait que peu d'attrait sur la curiosité
publique, conséquemment n'avait que de rares visi-
teurs. Dans sa position, à la vérité un peu excen-
trique, elle restait dans un délaissement qu'elle ne
méritait pas. Malgré l'efficacité que lui accordait la
rumeur, on n'était point tenté d'en user, et on la
laissait là, pour aller, en cas de maladie, chercher
au loin des sources qui ne valaient pas mieux. *Tant
il est vrai,* comme le disait Madame de Sévigné des
sources de l'Ardèche, *que jusqu'à ces bonnes fon-
taines, nul n'est prophète dans son pays.*

Une circonstance favorable vint, en 1844, tirer de
l'oubli cette source remarquable. M. le docteur Victor
Bally, ancien président de l'Académie de Médecine,
parcourant les montagnes de l'Oisans, à cette époque,
eut vent des qualités de la source minérale d'Auris.
Il voulut connaître son eau, la visita, et après l'avoir
examinée sur place, il exprima l'opinion que cette
eau devait avoir beaucoup d'analogie de composition
avec quelques-unes des sources ferrugineuses si re-
nommées de Vals ou de Vichy. Dès lors, l'éveil fut
donné sur elle.

Confiant dans les présomptions du savant médecin,
dont il voulut bien nous faire part lui-même, nous
songeâmes à étudier l'action thérapeutique de
l'eau ferrugineuse de Maillaud. Jugeant de cette action par celle que l'on sait appartenir aux eaux mi-

nérales auxquelles elle était comparée, nous crûmes
d'abord que l'efficacité de l'eau de Maillaud ne pourrait être mieux démontrée qu'en la mettant en présence des affections chroniques de l'appareil digestif.
Des gastralgies, des dyspepsies, furent en conséquence
soumises à son usage. La boisson était le seul mode
d'emploi praticable ; ce mode fut suivi d'une manière
lente et graduée, de un à quatre verres d'eau par
jour, et le temps apprit successivement que ces affections en étaient avantageusement modifiées. Cet emploi, étendu ensuite à d'autres affections nerveuses,
fut appliqué à la céphalalgie, à l'otalgie, aux douleurs
erratiques des membres, etc.; toutes en éprou-
vèrent du soulagement. Les affections asthéniques
d'organes divers furent soumises à leur tour, et selon les circonstances, à la boisson continuée et ingérée par quantités progressives, et les résultats ultérieurs prouvèrent que l'eau de Maillaud avait eu
pour les malades une action vraiment tonique et
fortifiante. Enfin, pendant une vingtaine d'années,
chaque fois que, dans notre pratique, il se rencontra
au voisinage de la source de Maillaud un cas mor-
bide auquel les ferrugineux paraissaient s'adresser,
il fut abreuvé par l'eau de cette source; malgré les
irrégularités inévitables d'une médication en quelque sorte à son enfance, elle réussit à des degrés divers plus souvent qu'elle n'échoua, et, dans ce dernier cas, elle resta toujours inoffensive.

Une eau minérale qui témoignait ainsi de sa valeur devait enfin être étudiée dans sa composition. Plusieurs bouteilles de cette eau furent en conséquence recueillies à la source et envoyées au laboratoire de chimie de Grenoble, où elles furent analysées par M. E. Gueymard. Le résultat de cette analyse a été, pour un litre de l'eau minérale :

0ᵍ3300 bicarbonate de chaux.

0.2656 sulfate de soude.

0.0600 crénate de fer.

___

0ᵍ6556

La science venait donc, par ses procédés analytiques, de constater dans l'eau minérale de Maillaud la présence d'un sel de fer uni à des substances alcalines, d'une action thérapeutique certaine. Elle lui désignait sa place dans la catégorie, reconnue si utile, des eaux bicarbonatées sodiques ferrugineuses. Mais un principe constitutif essentiel, que l'analyse n'avait pu saisir à distance, c'est le gaz acide carbonique libre que contient cette eau, et dont on voit les grosses bulles émerger avec elle d'une manière incessante. Sa combinaison ferrugineuse avec l'acide crénique est un élément de richesse que l'on ne pourrait contester. Quoique des chimistes aient prétendu que l'acide de ce nom, dif-

ficile à déterminer à l'analyse, est problématique, il
n'en est pas moins vrai qu'il a été découvert par
Berzélius dans plusieurs sources ferrugineuses de la
Suède, et qu'il l'a été ensuite en France, dans les
eaux de Forges, de Sainte-Allyre, etc. La présence
de cet acide, de nature organique azotée, dans la
source de Maillaud, pourrait, il semble, parfaitement
s'expliquer par les rapports de l'eau minérale avec
les couches anthracifères qu'elle paraît traverser
dans sa marche vers la surface.

A sa source, l'eau ferrugineuse de Maillaud est
limpide, transparente, inodore; au goût, elle im-
prime une saveur styptique, non acidule. En arrivant
dans le creux qui la reçoit, l'eau se trouble, se décompose et abandonne un sédiment ferreux paraissant formé de carbonate de fer. De même, si on la
conserve dans un vase inexactement bouché, ou à
moitié rempli, par conséquent accessible à l'air,
l'eau se décompose et précipite une poussière jaune
rougeâtre mêlée à des flocons de glairine. Malgré la
proportion de carbonate calcaire contenue dans cette
eau, la source sortant d'un amas tuffeux ancien,
semblable à un dépôt de fer hydraté superficiel, n'est
pas incrustante.

En résumant les éléments dont elle se compose, la
source minérale d'Auris est, d'après son analyse et
son aspect, bicarbonatée sodique, gazeuse, ferrugineuse et crénatée. Est-il dans le monde hydrologique

beaucoup de sources ferrugineuses plus avantageusement pourvues?

Une telle richesse minérale justifie l'attention que
nous avons appelée sur elle et fait désirer que son emploi soit popularisé comme il le mérite. De son côté,
l'observation médicale, tout imparfaite qu'elle a pu
être, atteste que les propriétés curatives de cette
source ne sont pas moins remarquables que sa composition. On a vu quels encourageants résultats en
avaient provoqué l'analyse. Depuis que cette opération a signalé ses qualités chimiques, l'expérience a
poursuivi plus sûrement sa marche et l'usage de l'eau
de Maillaud s'est répandu dans bien des communes
de l'Oisans, à la satisfaction des malades et de la
médecine elle-même.

Cet usage, forcément borné par les circonstances
où se trouve une source encore négligée et située
dans un endroit écarté, n'a pu consister jusqu'ici que
dans la boisson de l'eau minérale prise à la source
et emportée plus ou moins loin et avec plus ou moins
de précautions, à domicile. Or, on sait tout ce qu'une
eau ferro-gazeuse peut perdre de ses principes par
le transport et quels avantages on retirerait à la con-
sommer sur place. Néanmoins, l'eau ainsi transportée, surtout quand elle l'a été dans des bouteilles
parfaitement propres, suffisamment remplies et
soigneusement bouchées, a justifié le plus souvent
l'attente des malades et celle des médecins. En de-

hors de la série des affections nerveuses et asthéniques déjà citées, l'eau' de Maillaud a reçu pour
d'autres maladies des applications diverses à l'intérieur et à l'extérieur. Des états morbides anciens,
rebelles aux médications antérieures, des catarrhes
chroniques, des écoulements muqueux, des dyssen-
teries atoniques, des leucorrhées, ont éprouvé de la
part de l'eau de Maillaud, ingérée à la dose de deux à
quatre verres par jour, pure ou mêlée à du vin dans
les repas, ou avec du petit lait hors des repas, une
action tonique et reconstituante très sensible. L'hys-
térie, la chlorose, la dysménorrhée et d'autres affections des deux sexes, caractérisées par la débilité et le
nervosisme ont payé tribut à cette même influence,
avec trève seulement pour quelques-unes et avec sou-
mission complète pour d'autres. La syphilis constitu-
tionnelle elle-même a cédé une fois devant elle. Employée à l'extérieur, l'eau de Maillaud en lotions a
ravivé des plaies ulcéreuses chroniques de nature
suspecte, et, concurremment avec la boisson, elle a
amené la cicatrisation de ces plaies chez deux vieillards. Et pour compléter cette énumération, les
habitants des villages voisins vont spontanément et
avec confiance demander leur guérison à cette eau
minérale, dans les cas de dérangements intestinaux,
de fièvre d'accès, de contusions et meurtrissures,
etc., et jamais, disent-ils, leur espoir n'est déçu.

A l'appui de ces assertions, des observations par-

ticulières pourraient être présentées , des noms cités,
dans les communes d'Auris, de la Garde, du Freney,
du Mont-de-Lans, de Besse, de Saint-Christophe,
etc., et au Bourg-d'Oisans même. Mais les faits re-
présentés par ces observations, quoique n'étant plus
isolés, ne sont pas encore assez nombreux pour faire
autorité. Il faut qu'ils se répètent et qu'ils se mul-
tiplient, soit sur l'eau minérale transportée , soit sur
cette même eau prise à la source, pour qu'on soit
complétement en droit d'en tirer de légitimes conséquences. Nous aimons mieux d'ailleurs laisser à
l'expérience d'autrui le soin d'en justifier l'exactitude. Pour affirmer ses vertus, l'eau de Maillaud n'a
besoin que d'être connue et expérimentée, et la pré-
coniser pour des cas déterminés, c'est inviter les médecins à en faire l'essai eux-mêmes. Réduite jus
qu'ici au théâtre local de notre pratique, son application doit s'étendre pour être appréciée. A d'autres
donc à continuer la question , ou , s'ils aiment
mieux, à la reprendre et à l'instruire. Avec la satisfaction de connaître une production minérale nouvelle, d'intéressantes découvertes géologiques, chimiques et médicales sont promises à leurs travaux
et à leurs recherches.

En attendant , la source ferrugineuse de Maillaud
qui est une faveur providentielle pour nos contrées,
faveur que les propriétaires du sol ne semblent pas
apprécier comme elle le mérite, aurait besoin d'être

placée dans des conditions plus favorables à l'usage public. Les propriétaires ne peuvent plus longtemps négliger cette source précieuse pour eux et pour les malades et qui, utilisée comme elle devrait l'être, pourrait, plus tard, ouvrir au pays lui-même quelques perspectives prospères. A cet effet, et dans l'intérêt de tous, il importe de réunir, au moyen d'une tranchée dans le terrain, tous les filets qui s'échappent, s'assurer d'où ils viennent, s'ils ne sont point des dérivations isolées d'une source commune, et par une fouille bien entendue remonter à cette source même. Recueillie à son point d'émergence, l'eau minérale aurait plus de volume, plus de chaleur et un degré plus fort de concentration. A ce point devraient être alors mises en œuvre les mesures nécessaires pour la conserver pure et prévenir toute décomposition de ses principes.

L'eau ferrugineuse de Maillaud paraissant destinée à être prise en boisson, le temps et l'expérience médicale apprendront au propriétaire s'il devra seulement l'expédier, comme cela se fait ailleurs, pour le besoin des malades, ou s'il ne ferait pas mieux d'élever, sur les lieux mêmes, une habitation propre à recevoir les buveurs au moins pendant les beaux jours. Le site serait merveilleusement choisi pour une construction convenable de ce genre, sur une des plus charmantes plages de nos montagnes, dans une douce thébaïde alpestre, où, loin du fracas des villes et de leurs jouissances bruyantes, on viendrait respirer avec bonheur l'air de la santé, de la paix et de la liberté.

La nature a été sévère, il est vrai, en plaçant une source aussi bonne dans un lieu qu'elle fait admirer de loin et où l'on ne peut arriver qu'après un détour assez pénible par la commune d'Auris, ou assez long par celle du Freney; mais c'est toujours dans les solitudes qu'elle cache ses produits les plus rares, et elle dédommage au moyen de compensations de tout genre celui qui ne se laisse pas rebuter par les peines imposées à leur conquête. Cette sévérité paraît, d'ailleurs, devoir être bientôt en partie réparée, et la commune d'Auris, de qui dépend la source de Maillaud, se prépare à améliorer, autant que possible, ses communications avec la plaine. La source minérale doit compter pour cette commune parmi ses motifs déterminants. Qui pourrait dire, en effet, les avantages que l'exploitation de l'eau de Maillaud procurerait un jour à toute sa population. Combien de localités doivent leur existence à une source minérale. Barèges, les Eaux-Bonnes, Spa, etc, dont la réputation est aujourd'hui européenne, seraient restées dans l'obscurité sans les sources qui, tous les ans, attirent vers leurs montagnes les touristes et les baigneurs. C'est que, de leur côté, ces localités se sont efforcées elles-mêmes de faciliter les voies aux exploitations minérales, les administrations locales ont secondé ces

efforts et tous en recueillent aujourd'hui le prix.
A leur exemple, la commune d'Auris ne manquerait
pas, le cas échéant, d'ouvrir vers sa source minérale
toutes les communications possibles et d'en rendre,
par tous les moyens, l'exploitation facile et profitable.

SOURCE FERRUGINEUSE DE LA PALUE.

Dans le vallon du Bessay et au pied d'une des
forêts qui couronnent les majestueuses collines de la
commune d'Oz, se trouve, au milieu des bois de la
Palue, une source ferrugineuse également digne
d'attention. Elle sort au bas d'un coteau argileux,
en plusieurs filets distincts qui forment deux fon-
taines principales, d'une abondance moyenne et de
volume inégal. L'émergence de l'une et de l'autre a
lieu au milieu de tufs anciens, d'apparence volca-
nique, si on en juge par quelques fragments de scories
altérées que l'on rencontre près de là. Chacune de
ces sources est reçue dans une sorte de creux rempli
lui-même par un limon ferrugineux ocracé, composé
d'argile et d'hydrate de fer. Ce caractère argilo-
ferrugineux paraît être celui de tous les terrains en-
vironnants qui, descendant des Petites-Rousses, sont
les contreforts inférieurs de la grande chaîne ocreuse
des Rousses.

A la source même, l'eau est douce, peu astringente et non acidule. Limpide à sa sortie, elle se trouble au contact de l'air et laisse précipiter un dépôt ferrugineux. Aucun gaz ne s'y révèle. Cette absence de principe gazeux fait supposer que la source de la Palue doit sa minéralisation à un composé alcalin combiné à l'oxide de fer. Sa température est celle de l'air ambiant.

L'eau ferrugineuse de la Palue, comme tous les agents de cette espèce, est douée de propriétés toniques. Elle convient en boisson aux personnes lymphatiques, dont elle fortifie les organes en activant les fonctions de la digestion, de la nutrition et de l'absorption. Les affections catarrhales chroniques, les sécrétions muqueuses, leucorrhéiques, etc., en éprouvent les meilleurs effets. Les débilités nerveuses ou autres disparaissent par son usage un peu prolongé. La fièvre intermittente elle-même paraît tributaire de cette eau minérale. Des habitants de la commune d'Allemont et de celle d'Oz déclarent avoir été guéris de cette fièvre par l'eau de la Palue, bue à la source même.

C'est là, en effet, le meilleur moyen d'user de cette eau. Si on veut la transporter; il faut qu'elle soit recueillie à la source dans des vases d'une propreté absolue et bien bouchés. Elle ne pourrait être gardée longtemps sans altération ; après quelques jours, elle dépose son fer et n'agit ensuite que par les substances alcalines qu'elle renferme.

Située à la portée de trois communes importantes, pour qui elle est un secours réel en cas de maladie, la source de la Palue mérite tous les soins que l'on donne aux choses nécessaires. Faciliter sa sortie naturelle et assurer les moyens de puiser l'eau toujours pure, en enfermant la source dans une petite citerne inaccessible à l'air et munie d'un robinet, sont les deux précautions principales à prendre pour cette eau ferrugineuse, si on veut qu'elle puisse tenir toutes ses promesses à l'égard des malades.

SOURCE FERRUGINEUSE DE BULLIAN.

Une troisième source ferrugineuse qui mérite d'être mentionnée en Oisans est celle que l'on rencontre dans le vallon de l'Eau-d'Olle, commune de Vaujany, au bas des rochers de Bullian, sur la rive droite du torrent et près de l'ancienne limite qui, de ce côté, séparait, avant l'annexion, la France de la Savoie. Elle sort du milieu de tufs anciens que recouvrent des dépôts de fer hydraté et au bas d'une montagne dont les roches feldspathiques et talqueuses se rattachent à la chaîne de Saint-Hugon.

Cette source est remarquable par son volume, qui est considérable relativement à celui des autres. On la voit, pendant l'èté, former un petit ruisseau dont le lit et les bords sont recouverts d'un épais sédiment rouillé. Son eau est fortement ferrifère et sa composition paraît analogue à celle de la source de la Palue. Située dans un vallon reculé, à plus de deux heures de distance de Vaujany et n'ayant d'autres voisins que quelques bergers et deux chalets de montagne, cette source est peu visitée par les malades et n'est connue que des passants qui prennent le chemin de l'Eau-d'Olle pour aller de l'Oisans en Savoie Ceux-ci assurent que cetté eau est bonne et que, quel que soit leur état de fraîcheur ou de moiteur, quand ils en boivent en passant, jamais elle ne leur a fait de mal.

La source de Bullian étant d'un emploi à peu près impossible pour les malades, à cause des distances, nous n'insisterons pas sur les propriétés de son eau ferrugíneuse. Comme curiosité minérale, elle méritait une mention particulière parmi les sources ferrugineuses de l'Oisans.

Sources minérales accidentelles disparues

A la suite de cette nomenclature des sources minérales de l'Oisans, il convient, pour qu'elle soit complète, de rappeler que d'anciennes sources minérales accidentelles, connues sous le nom de Salzes, exis-tajent autrefois sur les territoires de Saint-Christophe et de Besse. On croit que la salze de Saint-Christophe se trouvait dans la combe de la Selle, sur les bords du ruisseau du Diable. Celle de Besse avait son origine en un point de la commune qui en a conservé le nom, au bas d'un terrain calcaire jurassique, autrefois couvert de bois et aujourd'hui dénudé. La tradition ne connaît de ces sources que le nom et ignore quelle était leur composition. C'était probablement ce qu'on appelle un volcan de boue, formé par un dégagement de gaz hydrogène carboné, devant contenir des matières salines telles que le sulfate de chaux et le sel commun en dissolution.

La source minérale accidentelle de Besse se montrait au delà du village des Serts et au bas d'une forêt, depuis longtemps rasée. Elle a disparu à la suite du déboisement. Certains dépôts de gypse, sur la commune de Vaujany, paraissent également devoir leur origine à des sources minérales accidentelles qui avaient amené, avec leurs eaux, des matières calcaires en suspension et d'autres matières dissoutes.

CHAPITRE V.

Après cette étude succincte de l'hydrologie minérale inorganique de l'Oisans, il sera à propos d'examiner une autre forme de l'hydrologie minérale,
appelée organique, que ce pays possède également et
dont l'exploitation serait pour lui non moins utile et
non moins avantageuse que celle de la première. L'é-
lément de cette forme hydrologique est le petit-lait.

Depuis un assez grand nombre d'années, l'hydro-
thérapie minérale, dans ses établissements divers,
associe, pour le plus grand bien des malades, l'usage
du sérum ou petit-lait aux boissons minéralisées
qu'elle emploie.

L'analogie de composition de l'eau minérale organique, produit mystérieux de la vie connu sous le
nom de Petit-Lait, avec les eaux minérales inorgani-
ques sorties du sein de la terre, commandait cette
association. De son côté, l'expérience a consacré de
toutes parts l'usage de ce liquide comme un auxiliaire
très-utile du traitement par les eaux sulfureuses.

Ce système de médication, suivi de tout temps par
la médecine, était tombé en désuétude, lorsque la
Suisse vint le remettre en vigueur au siècle dernier.
Son exemple trouva ensuite de nombreux imitateurs
dans les pays voisins, et la cure du petit-lait a pris

aujourd'hui, un peu partout, une extension considérable.

C'est à sa topographie particulière, à ses belles montagnes, à ses riches pâturages c'est au patriotisme qui a su les exalter et à l'industrie de ses habitants, que la Suisse doit l'honneur d'avoir rétabli, la première, la médication séro-lactée tombée dans l'oubli. Entre autres contrées helvétiques, le canton d'Appenzell a conquis, sous ce rapport, une réputation qu'un enthousiasme intéressé prétend être sans rivale pour la préparation et les qualités du petit-lait. Selon les admirateurs de la Suisse, le lait si vanté d'Appenzell doit ses qualités à l'arôme des plantes dont sont nourris les animaux lactifères du pays, les vaches, les chèvres, les brebis. Après le parfum des plantes, ils célèbrent ce qu'ils appellent *le tour de main*, au moyen duquel le petit-lait est préparé dans les bergeries.

Pour ce qui est des pâturages et de leurs plantes aromatiques, d'autres pays montagneux, le Tyrol, la Styrie, etc., ont appris à la Suisse que le monopole ne lui en était point échu. La cure du petit-lait, importée dans ces contrées, lui a disputé avantageusement sa priorité prétendue et s'est efforcée de la surpasser par des moyens plus méthodiques et plus complets suivis dans de grands établissements élevés pour cet objet.

En France, où se trouvent des contrées monta-

gneuses aussi bien partagées que celles de la Suisse
et de l'Allemagne, la médication séro-lactée étrangère a trouvé des concurrents sérieux, et plus d'un
établissement thermal à su s'adjoindre, jusque dans
notre département, cette médication si utile. Elle
aurait les moyens de s'y étendre encore davantage,
et le département de l'Isère en particulier, qu'on a si
justement appelé la Suisse française, pourrait aussi
avoir son Appenzell. L'Oisans, avec ses belles montagnes, ses excellents pâturages, ses bergeries,
fournirait à une cure de petit-lait des éléments que
les enthousiastes de la Suisse eux-mêmes seraient
forcés de reconnaître. Là aussi d'immenses et riches
prairies, des pacages exquis, nourrissent des troupeaux nombreux. Là, aussi bien qu'en Suisse, les
plantes exhalent des parfums et fournissent un lait
délicieux; le petit-lait, excellent par lui-même, n'a
pas besoin, pour être apprécié, du fameux tour de
main dont se prévaut Appenzell; on sait d'ailleurs
que ce que l'on appelle ainsi est simplement un effet
habile dont l'habitude a bientôt donné le secret. Or,
l'habileté, comme le parfum des plantes, est de tous
les pays, et avec le mystérieux de moins, les bergeries de l'Oisans savent aussi bien traiter le laitage
que les bergeries suisses.

Tout, dans l'Oisans, topographie, altitude, productions, climat, etc., appelle l'institution de la médication sérola-ctée. L'analogie de genre de vie, de mœurs,

de cultures que ce pays offre avec les cantons montagneux de la Suisse, établit des avantages identiques
pour une industrie semblable. Soit que, comme à
Appenzell ou dans certains établissements d'Allemagne, on voulût y instituer une cure de petit lait
exclusive, soit qu'à l'imitation d'autres établissements
de ce dernier pays, on associât le sérum à l'emploi
des eaux minérales, l'un et l'autre mode trouveraient
en Oisans une application facile. L'eau sulfureuse
de la plaine, telle que celle d'Essoulieux, l'eau ferrugineuse de la montagne, comme celle de Maillaud,
se prêteraient parfaitement à l'adjonction à une cure
de petit-lait dans les établissements formés pour
leur exploitation.

Nous n'avons pas besoin d'insister ici sur les propriétés thérapeutiques de la médication séro-lactée.
Cette médication est connue depuis longtemps comme
éminemment sédative dans beaucoup de maladies, et
le parti qu'on s'efforce d'en tirer un peu partout en
Europe dit assez en quelle estime elle est généralement tenue. Son institution en Oisans serait donc
pour les malades une ressource nouvelle. De plus,
elle serait pour le pays une industrie qui, par ses
conséquences, contribuerait à le régénérer dans son
sol, dans sa culture, dans sa population, et aurait
ainsi pour lui des avantages incalculables.

En effet, que la médication séro-lactée y fût établie
concurremment avec la médication minérale, ou qu'à

l'exemple des *molkenkur* allemandes, on en fît l'objet spécial d'une station de petit-lait, l'approvisionnement du liquide serait fait par la propriété privée ou bien, comme en Suisse, par les fromageries existantes. Dans le premier cas, le propriétaire chargé de fournir cet approvisionnement s'efforcera, dans son intérêt, de satisfaire ses clients. Il veillera sur son bétail, sur le laitage et la confection du petit-lait, et il n'ignorera pas que, pour obtenir une bonne préparation de ce liquide, le procédé consiste à faire précipiter tout le caséum, sans communiquer de l'acidité au produit. Il augmentera le nombre de ses vaches laitières et en améliorera les espèces. Les chèvres et les brebis, dont le petit-lait est également recherché, seront choisies et soignées à l'étable. Le bétail s'augmentant ainsi, l'hygiène s'imposera d'elle-même pour la propreté et pour la tenue des espèces. La propreté du ménage lui-même s'en ressentira. Avec le bétail, l'engrais, devenu plus abondant, activera la culture, facilitera la création de prairies artificielles, l'augmentation des fourrages, le développement d'autres produits qui, joints à ceux du bétail, se traduiront finalement en beaux et bons bénéfices pour le propriétaire.

Que la cure du petit-lait, en Oisans, au lieu d'être alimentée par un seul, s'approvisionne dans les fromageries ou fruitières, tous ces avantages se généralisent et apportent à une commune entière le bien qu'en recevait une maison seule. Puis, le besoin sollicitant l'exemple, l'amélioration s'étend et peut gagner, de proche en proche, la contrée tout entière.

L'approvisionnement d'une cure de petit-lait par une fruitière aurait pour résultat direct le succès de la fruitière elle-même. Cette création, toute populaire, est un des bienfaits du génie de l'association. Associer les cultivateurs ou habitants d'un même lieu à la contribution journalière de la quantité de lait nécessaire pour la confection des fromages, tel est son programme. Obtenir par ce mode d'association tout ce que ce produit peut rendre, tel est son but.

Ainsi conçue, l'association fromagère est un progrès à la fois agricole et social. Cette contribution commune, faite d'après les principes d'une équitable égalité, est pour les associés une occasion de bonnes relations, de communications obligeantes, d'appui secourable ; elle entretient parmi eux les sentiments de probité et d'honneur, et frappe de déconsidération toute tentative de fraude : elle est un élément de fraternité, de civilisation et de justice; en un mot, elle est un puissant moyen de bien-être moral pour une population rurale.

Matériellement, une association de ce genre est pour les associés une source de fortune. Elle devient une cause d'amélioration du bétail, par le choix des races et les conditions d'élevage. Elle fait augmenter le bétail de chacun, et avec lui la quantité d'engrais.

Avec le bétail et l'engrais, la culture générale est stimulée; ses divers genres se perfectionnent, ses productions s'accroissent, des méthodes nouvelles amènent des produits nouveaux ; la variété supplée à la quantité quand celle-ci fait défaut, etc.; et tous ces moyens réunis déterminent peu à peu un mouvement progressif et considérable de la richesse publique. Enfin, une telle association est pour le sol lui-même, lorsqu'il a été bouleversé par le déboisement et le dégazonnement, un moyen sûr de réparation et de conservation, en ce qu'il tend à faire substituer la race bovine, principale laitière, et moins destructrice du sol, aux races ovine et caprine, reconnues si fatales pour lui.

Telle est la situation heureuse d'une commune où existe une association fromagère, et telle serait un jour celle de l'Oisans tout entier, si, à l'exemple de la vallée du Queyras, dans les hautes Alpes, il voyait chacun de ses principaux villages agglomérés établir entre ses habitants cette association si utile. La contrée du Queyras jouit aujourd'hui d'une grande aisance, due surtout à l'émulation de ses habitants pour l'industrie fromagère. Dirons-nous qu'en Suisse, où la cure du petit-lait est si répandue, les fruitières qui l'alimentent en plusieurs endroits font la richesse de ce pays ; que le Jura, contrée auparavant peu fortunée, a, grâce à cette association, complètement changé de face. Qu'il suffise de citer deux communes de l'Oisans lui-même ayant chacune une fruitière. L'une, après avoir vu, il y a onze ans, ses habitations détruites par un incendie, a été tirée de ses ruines presque uniquement par son association fromagère ; l'autre, malgré un climat rigoureux et des productions précaires, voit, par le même moyen, l'aisance s'accroître de plus en plus parmi ses habitants.

Ce n'est pas que l'Oisans soit privé de l'industrie fromagère ; inhérente à son sol, cette industrie est peut-être aussi ancienne que lui. Elle était même autrefois estimée pour ses produits, puisque, sous les Dauphins, parmi les redevances auxquelles le pays était tenu annuellement envers eux, figuraient vingt-cinq quintaux de fromages, prélevés dans l'Oisans, à cause de leur qualité. Mais cette industrie, réduite à l'état de confection isolée, était souvent imparfaite. La fabrication, dominée par la routine et par l'égoïsme, suivait tant bien que mal les vieux procédés, sans chercher à les corriger ou à les changer ; la qualité elle-même était souvent négligée pour la quantité, et l'industrie allait dépérissant. De cette façon, certaines confections de fromages, autrefois réputées, sont tombées dans le discrédit, tandis qu'une fabrication méthodique et consciencieuse, opérée par une fruitière, pourrait les élever au premier rang des fromages de France, pour le mérite et la valeur commerciale.

Mais ce n'est pas à l'industrie fromagère seule que l'égoisme et la routine ont porté préjudice; ils sont, pour l'Oisans, deux ennemis terribles, depuis long-temps bien funestes à ses intérêts matériels, et qu'il serait temps d'expulser. L'un et l'autre lui ont fait trop de mal pour qu'il doive jamais l'oublier. Ligués entre eux, pour son malheur, ils ont déchiré son sol, arraché ses bois et ses forêts, précipité les torrents sur les vallées et la plaine, changé en ruines des terrains autrefois ensemencés et fertiles; ils ont enchaîné son commerce et son industrie, arrêté sa culture, appauvri ses habitants, et enfin dépeuplé la moitié du pays. Ils lui ont coûté du sang et des lar-mes. Et malgré tant de maux, malgré des inonda-tions, des malheurs et des pertes immenses, malgré la détresse où ils ont réduit sa population, ils ne lâchent pas prise, et continuent encore, sous les yeux de leurs victimes, à détruire sans pitié quelques pâturages échappés à leurs fureurs.

Plût à Dieu que ce ne fût là qu'un tableau de fan-taisie, dont l'imagination chercherait à assombrir les couleurs. L'histoire de l'Oisans n'est, depuis le xiie siècle jusqu'à nos jours, qu'une série de calamités publiques, enfantées par ce couple maudit, et trop de vestiges l'attestent pour douter de cette réalité navrante.

En effet, quand on parcourt les montagnes de l'Oisans, on rencontre partout des ruines d'habitations isolées ou agglomérées, quelquefois en nombre considérable. Les communes de Saint-Christophe, de Venosc, du Mont-de-Laus, de Besse, de Mizoën, d'Auris, de la Garde, d'Huez, d'Allemont, d'Oz, etc., sont couvertes de ces débris d'une population disséminée, aujourd'hui tarie. Ces ruines étonnent l'esprit par leur quantité et par les lieux qu'occupent beaucoup d'entre elles; des endroits aujourd'hui déserts, incultes et inhabitables, offrent des vestiges de cultures, des restes d'habitations nombreuses, actuellement enfouies sous l'herbe ou les décombres. Des hameaux, des villages entiers, (1) une minière florissante ont disparu de leur place; les familles chassées de leurs propriétés et de leurs foyers, après avoir erré malheureuses, ont disparu comme eux. Qui les chassait ainsi de leurs terres et de leurs demeures? Qui étouffait l'industrie au sein des montagnes où elle trouvait son aliment? Un climat trop rigoureux, qui, propice à la culture et favorable à

---

(1) Ces évènements paraissent, d'après des documents publics, remonter au xve et au xvie siècle. C'est dans le cours du xvie siècle que la ville de Brandes, avec son établissement métallurgique, cessa d'exister sur les montagnes d'Huez; que les villages de la voie ancienne, à Rif-Tort et au-dessous, disparurent; que les villages de la Lavey et autres, de Saint-Christophe, de Séterane, d'Auris, de la Brunerie, du Mont-de-Lans, etc., etc., perdirent leur population.

l'homme tant que les forêts couronnaient son horizon de montagnes, était devenu impitoyable et destructeur, dès que des mains imprudentes, armées par l'égoïsme et la routine, eurent porté la hache sur elles.

D'autres villages, non moins malheureux, ont vu dévorer par les torrents les champs qui les faisaient vivre, renverser les maisons qui les abritaient. Les familles sans pain, le bétail sans fourrages, la désolation et la mort là où étaient le mouvement et la vie, puis, la misère et tout son cortége; tels étaient les spectacles que laissaient après eux des inondations effrayantes. Qui ruinait ces villages d'une manière aussi prompte et aussi cruelle ?

Le dégazonnement, que, depuis le xive siècle, l'égoïsme et la routine ont laissé, sans nul souci de l'avenir, s'opérer sur les pentes gazonnées des montagnes; et l'on sait avec quelle fureur celui-ci sait improviser les ruisseaux et déchaîner les torrents. Sous prétexte de revenus publics et au nom de l'intérêt communal, on sacrifiait chaque année, à des troupeaux étrangers, des pâturages qui sont la seule fortune, la seule ressource des habitants des montagnes. Après avoir été dégradé sous les pieds de ces troupeaux, le sol, délayé et entraîné par les eaux, courait avec elles vers le Rhône, emportant chaque année une valeur dix fois plus grande que le revenu du fermage. Les pacages, labourés par les ravins, faisaient place aux rochers nus ; de mangifiques prairies s'effondraient, et d'affreux déserts succédaient à des localités riantes. Et telle est la ténacité de ces deux génies malfaisants, qu'ils s'acharnent toujours sur leur proie. Malgré les dégradations profondes du sol dont elles sont témoins, malgré les terribles leçons du passé et la triste expérience du présent, certaines communes persistent encore dans les errements qui ont perdu leurs aïeux. Comme si, dans un pays aussi fortement accidenté que l'Oisans, ce n'était pas assez pour détruire le sol, des tempêtes du ciel, ou des ravages de l'avalanche. Ce dernier fléau a été, lui aussi plus d'une fois déterminé par l'égoïsme du déboisement, et c'est à ce dernier qu'il faut reporter la responsabilité de certaines catastrophes dont les avalanches ont été l'instrument fatal (1) dans notre pays.

---

(1) Entre les catastrophes occasionnées par les avalanches, nous citerons ici celle qui survint, il y a vingt-cinq ans, sur le chemin du Villard-Rémont.

Le samedi 4 février 1844, jour de marché au Bourg-d'Oisans, une douzaine de personnes du Villard-Rémont, parmi lesquelles se trouvaient des hommes, des femmes, des filles, étaient parties ensemble pour venir au marché. Le jour était beau La température, froide et brumeuse les jours précédents, pendant lesquels était tombée une grande quantité de neiges, s'était tout-à-coup radoucie. Tout faisait espérer un heureux

. . Tant de maux soufferts par l'Oisans, ne pourront être réparés que par la destruction de leurs causes. A l'égoïsme et à la routine, il faut opposer l'association industrielle et le progrès. Il faut qu'ils tombent victimes de l'intérêt général. Ils ont détruit le sol par le déboisement et le dégazonnement, il faut le réparer par le reboisement et le conserver par le regazonnement, dussent ces deux mesures porter quelque préjudice à l'intérêt privé. Déjà cette œuvre si utile, prescrite par deux lois récentes se présente dans l'Oisans avec de bons résultats. Les bois de création nouvelle exercent en plusieurs endroits un effet appréciable sur les surfaces soumises ; en ralen-

---

voyage. La marche, ouverte par les hommes, était tracée avec peine au milieu d'une neige profonde et peu compacte, à travers une pente raide et déboisée. Guidés par la seule connaissance des lieux, les conducteurs se fourvoyaient quelquefois en dehors du chemin et, par leurs chutes inoffensives, excitaient l'hilarité et les gais propos de cette troupe habituée à la peine et aux dangers. Tout-à coup, la masse de neige qui les supporte s'ébranle sous leurs pas ; les deux extrémités de la bande, refoulées à droite et à gauche, sont jetées contre des broussailles ou des sapins, au milieu desquels un jeune homme reste accroché, et comme si la mort eût voulu choisir ses victimes, six jeunes filles qui se trouvaient au centre, entraînées par l'avalanche, disparurent dans un abîme qui alla les vomir sur la plaine, à trois cents mètres de haut. Leurs cadavres furent recueillis en lambeaux épars.

tissant et en divisant les eaux, ils retiennent la terre
et les rochers qu'elles auraient entraînés, et ra-
mènent sur les versants une végétation qui en con-
solidera les pentes. L'expérience peut être considérée
comme à peu près faite pour ce pays ; et si la res-
tauration forestière et végétale est secondée par la
population, bientôt on verra disparaître les traces
néfastes du déboisement et du dégazonnement, qui
sont celles de l'égoisme et de la routine.

Protégés par le reboisement et le regazonnement,
quantité de pâturages aujourd'hui maigres et res-
treints vont s'étendre et s'améliorer par les seuls efforts de la nature. Les ressources fourragères seront
un jour considérables pour l'Oisans, elles auront
pour lui un profit énorme, si les communes, renon-
çant, d'une manière définitive, au fermage ruineux
des troupeaux transhumants, réservent leurs pacages
pour leurs troupeaux, dont elles sauront réglemen-
ter le parcours ; si elles tâchent de substituer, autant
que les lieux le permettent, la race bovine, essen-
tiellement laitière et très-utile à la culture pour le
travail et l'engrais, aux races ovine et caprine,
reconnues si nuisibles au sol ; si elles s'efforcent
d'entretenir et d'augmenter ces ressources par
la création et l'extension de prairies artificielles
et par l'irrigation. Sous cette même protection,
la culture elle-même, esclave de la routine en
certains points, s'affranchira de cette servitude et

suivra le progrès. Car, on ne peut se le dissimuler,
l'Oisans, pays de la petite propriété et de la petite
culture, toujours soumis aux usages et aux méthodes
du passé, n'est pas cultivé comme il aurait besoin de
l'être, et ne produit pas tout ce qu'il pourrait produire
dans l'état actuel des connaissances agricoles. Beaucoup de ses terrains cultivables ne reçoivent qu'une
culture incomplète, et les rendements ne sont pas en
rapport avec leur étendue. Les bras manquent aux
labeurs des champs, et, à voir la quantité de ruines
dont il a été question, on peut croire que l'Oisans
a aujourd'hui la moitié moins de travailleurs qu'au
xiie siècle. Sans doute, les malheurs publics, en dé-
truisant une partie de la population, avaient jeté le
découragement dans l'autre partie, qui ne trouva plus
·la force nécessaire pour accomplir toute la tâche qui
lui restait ; le sol fut forcément négligé. Mais aujour-
d'hui que les circonstances ont changé, que l'avenir
agricole de l'Oisans peut espérer, quel motif pourrait
justifier les défaillances de la culture, l'abandon du
sol, les émigrations et tout ce qui contribue à laisser
la production et la population dépérir? On accusera
sans doute, pour les communes élevées, les rigueurs
du climat, les vicissitudes des saisons, les difficultés
d'exploitation, de communications, de transport, etc.
Les cantons montagneux de la Suisse répondent que,
situés dans des lieux analogues, exposés au même
climat, aux mêmes vicissitudes, aux mêmes incon-

vénients de tout genre que les habitants de l'Oisans,
ayant la même culture, les mêmes productions et les
mêmes objets de commerce, ils retirent bien davantage de leur sol, parce qu'ils savent le cultiver,
étendre et développer leurs produits; ils les utilisent
par l'association, par l'industrie et le patriotisme;
sans quitter leurs montagnes, ils trouvent la fortune
chez eux et n'ont pas besoin, comme les habitants de
l'Oisans, d'aller courir la terre et les mers pour la
chercher.

Ce qui a été si avantageux à la Suisse, c'est-à-dire
l'association industrielle, pourrait donc aussi rendre
à l'Oisans une partie au moins de son ancienne prospérité. Elever des fruitières, s'associer pour les produits, et, comme conséquences, cultiver les champs,
féconder les prairies, augmenter le bétail, seraient
des moyens de gagner bien plus sûrs que le commerce nomade, des actes de patriotisme véritable,
qui, en attachant l'homme au sol natal, feraient
grandir son pays en importance morale, en fortune
et en population. Et, en attendant que l'association
fromagère pût réaliser tous ces biens, une cure de
petit-lait en Oisans pourrait donner de ces avantages
ultérieurs un premier et fructueux exemple.

A chaque pays est donnée sa tâche d'utilité publique; à chaque homme, son obligation de servir l'intérêt général. La tâche publique de l'Oisans est la
production agricole par le bétail. Celle de ses habi-

tants consiste à soutenir leur pays dans cette production, à se soumettre à toutes les mesures de pré-
voyance qui peuvent réduire ses chances de malheurs
et de pertes, favoriser la conservation du sol, le préserver des eaux, et à faire leurs efforts pour développer et augmenter, dans les proportions possibles,
tout ce qui peut rester de sa richesse publique.

www.ingramcontent.com/pod-product-compliance
Lightning Source LLC
Chambersburg PA
CBHW060623200326
41521CB00007B/871